U0897465

高职高专土建类专业规划教材
建筑装饰工程技术专业

家 具 设 计

主　编　杨中强
副主编　曹　文
参　编（以姓氏笔画为序）
何　华　吴　健　吴　瑕
主　审　胡景初

机 械 工 业 出 版 社

本书是按照教育部高职高专建筑装饰工程技术专业和相关专业的教学基本要求编写的，主要内容包括：家具概述，家具风格与类型，家具材料与配件，家具设计的原则、程序和内容，家具设计表达，人体工程学与家具尺寸，家具造型设计，家具装饰设计，家具结构与工艺设计，家具设计综合应用等。

本书可作为高职高专、成人、远程高等教育建筑装饰工程技术类专业的教学用书，也可作为高等教育建筑学专业、环境艺术专业的教学参考用书和建筑装饰行业设计、施工以及技术、管理人员的再教育、岗位培训的教材和实用参考书。

图书在版编目（CIP）数据

家具设计/杨中强主编．—北京：机械工业出版社，2008.10(2016.7重印)
高职高专土建类专业规划教材．建筑装饰工程技术专业
ISBN 978-7-111-25114-9

Ⅰ．家…　Ⅱ．杨…　Ⅲ．家具—设计—高等学校：技术学校—教材
Ⅳ．TS664.01

中国版本图书馆CIP数据核字（2008）第141480号

机械工业出版社（北京市百万庄大街22号　邮政编码100037）
策划编辑：张荣荣　责任编辑：张荣荣　赵树尧　版式设计：霍永明
责任校对：王　欣　封面设计：张　静　责任印制：杨　曦
保定市中画美凯印刷有限公司印刷
2016年7月第1版第7次印刷
184mm×260mm・12.5印张・303千字
标准书号：ISBN 978-7-111-25114-9
定价：48.00 元

凡购本书，如有缺页、倒页、脱页，由本社发行部调换
电话服务　　网络服务
服务咨询热线：010-88379833　　机 工 官 网：www.cmpbook.com
读者购书热线：010-88379649　　机 工 官 博：weibo.com/cmp1952
教育服务网：www.cmpedu.com
金 书 网：www.golden-book.com

高职高专建筑装饰工程技术专业系列教材
编审委员会名单

出版说明

近年来，随着国家经济建设的迅速发展，建设工程的发展规模不断扩大，建设速度不断加快，对建筑类具备高等职业技能的人才需求也随之不断加大。为了贯彻落实《国务院关于大力推进职业教育改革与发展的决定》的精神，我们通过深入调查，在全国高职高专教育土建类专业教学指导委员会的指导与大力支持下，组织了全国三十余所高职高专院校的一批优秀教师，编写出版了本套教材。

本套教材以《高等职业教育建筑装饰工程技术专业教育标准和培养方案》为纲，编写中注重培养学生的实践能力，基础理论贯彻“实用为主、必需和够用为度”的原则，基本知识采用广而不深、点到为止的编写方法，基本技能贯穿教学的始终。在教材的编写中，力求文字叙述简明扼要、通俗易懂。本套教材结合了专业建设、课程建设和教学改革成果，在广泛的调查和研讨的基础上进行规划和编写，在编写中紧密结合职业要求，力争能满足高职高专教学需要并推动高职高专建筑装饰工程技术专业的教材建设。

本套教材包括建筑装饰工程技术专业的15门主干课程，编者来自全国多所在建筑装饰工程技术专业领域积极进行教育教学研究，并取得优秀成果的高等职业院校。在未来的2~3年内，我们将陆续推出工程造价、工程监理、市政工程、园林景观等土建类各专业的教材及实训教材，最终出版一系列体系完整、内容优秀、特色鲜明的高职高专土建类专业教材。

本套教材适用于高职高专院校、成人高校、继续教育学院和民办高校的建筑装饰工程技术专业使用，也可作为相关从业人员的培训教材。

机械工业出版社

2008年10月

序　言

为了全面贯彻《国务院关于大力推进职业教育改革与发展的决定》，认真落实《教育部关于全面提高高等职业教育教学质量的若干意见》，培养建筑装饰行业紧缺的工程管理型、技术应用型人材，依照高职高专教育土建类专业教学指导委员会编制的建筑装饰工程技术专业的教育标准、培养方案及主干课程教学大纲，我们组织了全国多所在该专业领域积极进行教育教学改革，并取得许多优秀成果的高等职业院校的老师们共同编写了这套系列教材。

本套系列教材包括《设计素描》、《设计色彩》、《构成》、《建筑装饰制图与识图》、《建筑装饰制图与识图习题集》、《建筑装饰构造》、《建筑装饰材料》、《建筑装饰设计基础》、《建筑装饰表现技法》、《室内设计》、《家具设计》、《建筑装饰计算机辅助设计》、《建筑装饰施工》、《建筑装饰施工组织》、《建筑装饰工程计量与计价》等15个分册，较好地体现了土建类高等职业教育培养“施工型”、“能力型”、“成品型”人才的特征。本着遵循专业人才培养的总体目标和体现职业型、技术型的特色以及反映最新课程改革成果的原则，整套教材在体系的构建、内容的选择、知识的互融、彼此的衔接和应用的便捷上不但可为一线老师的教学和学生的学习提供有效的帮助，而且必定会有力推进高职高专建筑装饰技术专业教育教学改革的进程。

教学改革是一项在探索中不断前进的过程，教材建设也必将随之不断革故鼎新，希望使用该系列教材的院校以及老师和同学们及时将你们的意见、要求反馈给我们，以使该系列教材不断完善，成为反映高等职业教育建筑装饰技术专业改革最新成果的精品系列教材。

高职高专建筑装饰工程技术专业系列教材编审委员会

2008 年 10 月

前　言

本书是按照高职高专建筑装饰工程技术专业和相关专业的教学基本要求编写的，主要介绍了现代家具的特征，中外家具的风格流派，家具主辅材料，家具设计的原则、程序和内容，家具设计表达，家具的尺寸、结构、工艺、装饰等。通过比较系统地学习家具设计的理论知识，并进行相应的家具设计实践训练，掌握家具设计的基本过程与方法，能运用创新思维方法，完成家具的设计与表达。

作为高等职业院校建筑装饰、室内设计、家具设计专业的教材，本书力求通俗易懂、图文并茂、体现家具设计的最新状况，并注重理论与实践相结合。本书还可以作为建筑装饰、室内设计、家具企业培训教材。

本书由杨中强担任主编、曹文担任副主编。其中绪论、第1章、第2章、第4章、第9章由杨中强编写；第3章、第6章、第8章由何华编写；第5章由曹文编写；第7章由吴瑕编写；第10章由吴健、杨中强共同编写。

由于编者水平有限，书中疏漏及不足之处在所难免，恳请批评指正。

编　者

目　录

绪　论

学习目标：

1. 了解中国家具业的发展概况。
2. 了解中国家具设计及设计专业人才培养的基本情况。
3. 了解课程的性质、特点及学习方法。

学习重点：

课程的性质、特点及学习方法。

学习建议：

1. 在宏观了解家具行业概况的基础上，理解本课程的性质与内容，掌握有效的学习方法。
2. 参观家具展览会、家居广场、专业家具市场、家具专卖店等，调动学习兴趣。

0.1　中国家具业发展概况

0.1.1　家具行业发展概况

家具行业是历史非常悠久的行业，与人们的衣食住行密切相关，并随着人们生活水平的提高而不断发展。近年来随着社会的进步，在传统手工制作家具的基础上，各种新工艺、新材料不断应用于家具生产中，我国家具行业展现出崭新的活力和面貌。

我国家具行业由家具生产企业、销售企业、原辅材料生产企业、科研单位等组成。自改革开放以来，我国家具行业得到了快速发展。据中国家具协会的资料显示，我国家具生产企业达到5万家，从业人员近500万人，2007年行业产值达到人民币5400亿元，是我国经济发展中较具影响力的行业之一（见图0-1）。在全国形成了以广州、深圳、东莞、

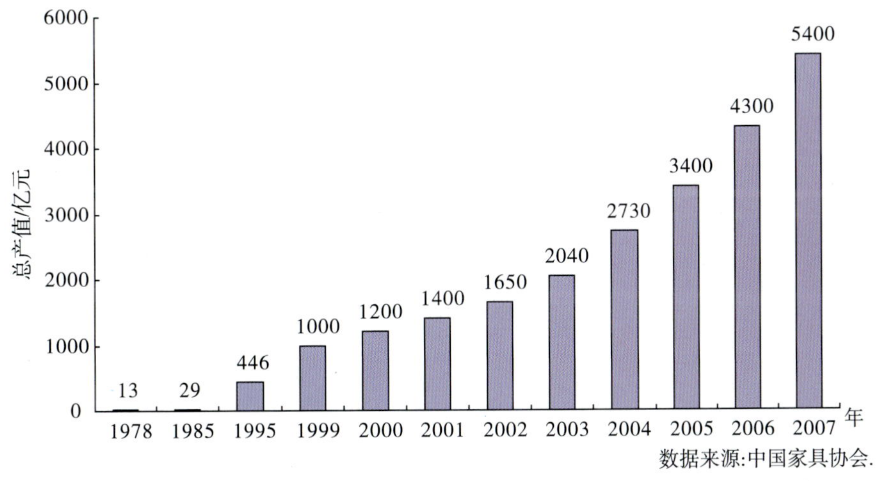

图0-1　我国家具行业年产值

顺德等为中心的珠三角家具产业区，以上海、浙江为中心的长三角家具产业区，以北京、天津、河北、辽宁等为中心的环渤海家具产业区，以重庆、四川、陕西等为代表的西部家具产业区。

0.1.2 我国家具业发展前景

我国家具业发展面临着良好的国际与国内环境，预计今后相当长一段时间内，家具业将以稳定的速度持续发展，主要表现在：

1. 民用家具不断增长

随着改革开放的深入和人民物质文化生活水平的不断提高以及室内装饰业的迅速发展，人们对家具产品款式、档次、质量的要求，对居住环境、生活和工作空间条件的重视都在不断提高和加强，中高档产品的需求量将呈上升的趋势。全国第五次人口普查数据显示，我国大陆31个省、自治区、直辖市共有家庭户34837万户。按照每十年更换一次家具计算，相当于每年有3483万户更新家具；按照每户平均1000元计算，每年更新家具总额可达到348亿元。随着城市化建设的加快，城镇居民住宅条件不断改善，如果迁新居用户有80%购买新家具，每平方米用家具按100元计算，我国城镇每年新建住宅刺激家具消费将有600亿元的容量。农村市场家具消费按照城镇的20%计算，需求量大约为120亿元。我国有13亿人口，每年有2000万人进入婚育年龄，新建家庭和人口的增长，特别是取消农业税，城乡居民收入增加，会使民用家具消费继续增长。

2. 公共家具快速发展

由于第三产业的发展和房地产业的崛起，国内每年有数千万平方米的办公楼和公共建筑竣工，要求提供大量不同种类的家具，尤其是办公家具。同时，随着现代化办公方式的兴起，过去旧的办公桌椅已进入更新换代期。因此，中高档办公家具在今后几年里将快速增加。据预测，近期内办公家具的销售将上升到整个家具总销售量的25%～30%。新建的工厂、办公楼、学校、商场等对家具消费需求的规模每年大约为300亿元。随着改革开放力度的增大、市场经济的繁荣、海外投资的大量涌入和旅游业的迅速发展，国内有2000多家涉外宾馆、30多万套客房将进入更新改造期的高峰，更新改造需花费100亿元左右，其中要求提供更多更新的中高档宾馆家具，约占10%，即10亿元左右。

3. 国际贸易发展良好

在国际市场上，随着木材资源短缺、原材料价格上涨、劳动力费用增大以及外汇率的变化等因素的影响，发达国家的劳动密集型行业，如家具等已向发展中国家和地区转移，并利用资金和技术优势在我国建厂或收购企业；同时，发达国家将会运用现代营销理念在我国设连锁店、专卖店或进行电子商务与网络销售，这为我国家具行业的发展提供了良好的机遇。

0.1.3 中国家具设计发展概况

明清时期是我国古典家具的黄金时期，产生了举世闻名的明式家具和清式家具，但明清家具都不是由职业家具设计师设计的，而是由手工匠与当时的文人雅士共同创造的。在晚清和民国时期，由于西方列强的入侵，西方的生活方式也在上海、天津等开放城市盛行，西方家具大肆进入我国市场，外商和国人也开始在上海等地开设家具工厂，生产西式家具，并在本土化的过程中产生了流传甚广的“海派”家具，从这个时期开始，在外国设计师的带领下，我国有了职业的家具设计师。

新中国成立后，一直到改革开放前，一般市场产品的家具设计主要是由有实践经验、又能绘图的工人负责设计，并且采取师傅带徒弟的方式培养设计师。在 20 世纪 50 年代 ~ 70 年代只有大型重点工程的配套家具才由建筑师或专业设计师完成。

目前，我国从事家具设计的职业设计师已达数千人，设计人才的聚集和队伍的壮大，促进了我国家具水平的提高。家具企业的产品开发形式有自主设计、委托执业的专业设计公司或高校的设计所开发设计、引进外国设计师驻厂设计、开发海外风格或结合中国文化进行设计等多种途径相结合的开发模式。

我国现代家具设计经过几十年的发展，取得了可喜的成就，举办了多种形式的家具设计大赛、家具博览会。家具产品市场丰富，种类齐全，满足了当前市场的需求，形成了家具产业链，包含了家具原材料、设计生产、销售等整个产业过程。

0. 1. 4　家具设计人才培养概况

我国现代家具设计人才的培养从 20 世纪 80 年代开始，一些林业院校相继开设“家具设计与制造”、“家具设计与室内装饰”专业或课程。经过不断的调整、完善与发展，人才培养模式多元化，招生规模不断扩大，为家具产业的发展做出了贡献。

我国家具设计的人才培养进入了一个关键时期，社会对家具设计专业人才的要求越来越高，而学校培养的学生与企业的要求之间的差距越来越大，主要问题表现在以下几个方面：

一是艺术与技术相脱节。家具设计在我国是一门年轻的复合学科，既不是纯艺术也不是纯技术，涉及设计学、美术学、美学、艺术学、建筑学、材料学、工程学、人体工学、心理学、经济学等学科，既需要艺术的设计，又需要技术的手段，两者缺一不可。我国的家具设计专业大多起源于林业大学木材科学技术专业，偏工科技术型；艺术院校的家具设计起源于室内设计、美术、环艺、工业设计专业，侧重于艺术型。而国际发达国家的家具设计专业大多起源于建筑学专业，注重建筑与室内的整体学科关系、文理交叉、艺术与技术相结合，因而更为科学合理。

二是理论与实践相脱节。我国的家具设计教育涵盖中等职业教育、本科、硕士、博士层次，但与发达国家相比，最大差距在于实践能力、动手能力、将设计转化为产品的能力，以及创新思维能力的培养。

三是教育与市场相脱节。目前我国家具设计教育的发展落后于产业的发展，包括人才培养模式、教材、课程设置与教学内容。教育要跟上产业的发展，应及时反映产业发展中的新技术、新材料、新工艺。比如，建筑、室内和家具三方面，在设计教育和企业市场上都相互脱节，高校的设计教育要培养专业化的家具设计师，应把建筑设计、室内设计、工业设计和家具设计学科进行整合与分流。

将教育与产业相结合，提升我国家具设计的整体水平，需要企业、学校、行业协会、政府多方面来共同努力，真正将家具设计缔造成我国家具产业的核心竞争力。我国家具行业要走自主创新设计、培养专业人才、创建家具品牌的道路，而家具设计人才的培养是我国家具产业未来可持续发展的关键因素。

0.2 课程性质与内容

《家具设计》是建筑装饰、室内设计、家具设计等专业的一门重要的专业课程。通过比较系统地学习家具设计的理论知识，并进行相应的家具设计实践训练，掌握家具设计的基本过程与方法，能运用创新思维方法，完成家具的设计与表达。

《家具设计》的主要内容包括：

家具、家具设计概述：现代家具的特征；家具与生活；设计与家具设计的类型。

家具风格与类型：中国与外国传统家具风格；近现代家具设计大师的经典作品；家具的分类。

家具材料与配件：家具主体材料、辅助材料，以及家具常用五金配件。

家具设计的原则、程序和内容：家具设计的原则，家具设计的程序及内容。

家具设计表达：家具设计草图与设计表现技法；家具设计图与生产图；家具设计报告书。

人体工程学与家具尺度：人体工程学的基本知识；常用家具的尺寸设计。

家具造型设计：家具造型的基本要素；色彩与材质；家具造型形式美的一般法则。

家具装饰设计：家具功能性装饰与艺术性装饰。

家具结构与工艺设计：实木家具、板式家具、软体家具的结构及生产工艺流程。

家具设计综合应用：民用家具、酒店家具、办公家具的设计。

0.3 课程特点与学习方法

《家具设计》课程强调多学科之间相互交叉、渗透，课程覆盖内容广，理论性、指导性强，重视人文素质的培养与提高。家具设计与设计学、工业设计学、人体工程学、艺术学、美学、技术美学、社会心理学、设计心理学、材料学、构成学、经济学、管理学等学科密切相关，强调创新思维能力、审美能力、设计表达能力的培养。这就需要在学习过程中，广泛阅览相关书籍杂志，了解艺术设计、工业设计、建筑设计、室内设计等方面的专业知识。

家具设计需要了解国际、国内最新的设计信息，知识与信息要及时更新。21 世纪人类进入了信息化的时代，要善于利用网络资源，在互联网上感知与搜寻全世界家具设计、家具市场的最新信息和动态，包括相关的建筑设计、工业设计、平面设计、服装设计、汽车设计、家电设计等大量的专业资讯。互联网已经成为一个虚拟的、动态的全球最大的信息库，对于信息时代的设计师来说，需要迅速上网浏览搜集专业资料，并把其中有参考价值的图文信息下载、归类分析与整理，为自己新产品的开发设计作准备。除互联网外，中外专业期刊、设计年鉴、专业著作、家具图集、科技信息、专利信息也是搜寻专业资讯的重要渠道。要善于分门别类整理收集，并形成个人的专业资料库，要善于利用“人类所创造的文明成果”为自己的设计所用。

国外与国内每年都要定期举办家具博览会，这是观摩学习家具设计、搜集专业资料的良好机会。家具博览会是反映最新家具设计和市场销售的晴雨表，通过参观国内外知名家具展会，了解最新的设计动态与发展趋势。目前，国际知名的家具博览会有意大利米兰家具博览会、德国科隆家具博览会、美国高点家具博览会等，国内有北京、上海、广州、深圳、东莞、顺德家具博览会等。如不能现场参观，也可以通过互联网、相关专业杂志搜寻到这些国际展会的有关专业资讯。

家具设计重视实践能力、动手能力的培养与提高。无论是设计调研、设计图样的绘制，还是模型的制作，在整个设计过程中均需要多动手、多练习，多深入企业、市场进行实践学习。

本章小结

本章讲述了我国家具行业发展的整体概况，我国家具设计的基本情况，家具设计人才培养的情况及存在的问题；分析了课程的性质与主要内容；介绍了学习课程的基本方法。

思考题与习题

1. 目前及今后一个时期我国家具行业的整体发展情况如何?
2. 本课程主要学习什么内容？如何才能学习好本课程?

第1章　家具概述

学习目标：

1. 了解家具的概念；理解现代家具的特性。
2. 理解家具与生活方式的关系，以及生活方式对家具设计的影响。
3. 掌握家具与建筑室内环境的关系。
4. 理解设计的概念与含义。
5. 了解工业设计的产生与发展；理解工业设计的定义与种类。
6. 掌握家具设计的定义、性质、内涵、类型。

学习重点：

1. 现代家具的特性。
2. 家具与建筑室内环境。
3. 家具设计定义、性质、内涵、类型。

学习建议：

1. 从文化角度加深对家具的理解与把握，充分认识到家具是物质文化、精神文化、艺术文化的综合。

2. 学习设计学、工业设计学相关知识，理解家具设计的性质与类型。

1.1　家具基础

家具是人类维持日常生活，工作学习和开展社会活动必不可少的物质器具。家具的历史同人类的历史一样悠久，它随着社会的发展、科技的进步、人们生活水平的提高而不断发展，反映了不同时代人类的生活和生产力水平，融科学、技术、材料、文化和艺术于一体。

家具除了是一种具有实用功能的物品外，更是一种具有丰富文化内涵的艺术品。几千年来，家具设计和建筑、雕塑、绘画等造型艺术的形式与风格同步发展，成为人类文化艺术的一个重要组成部分。所以，家具的发展进程，不仅反映了人类物质文明的发展，也显示了人类精神文明的进步。

1.1.1　家具的概念与特点

家具，英文为 Furniture，一般指房间内可移动的装置、陈设品等。

《中国大百科全书·轻工卷》中对家具的解释如下："人类日常生活和社会活动中使用的具有坐卧、凭倚、贮藏、间隔等功能的器具。一般由若干个零、部件按一定的接合方式装配而成。家具已成为室内外装饰的一个组成部分。其造型、色彩、质地等在某种程度上烘托了厅室的气氛；在一些庭院、海滩、街道等公共场所，还起有环境装饰、分隔和点缀作用。现代家具在造型上既注重空间的利用，又强调个性化和情趣化，以适应人们审美观念多元化、模糊化的多层需求；在加工上简化产品结构和工艺，以适应工业化生产的要求。”

从字意上分析，家具就是家庭用的器具；有的地方称其为家私，即家用杂物。确切地说，家具有广义和狭义之分。广义的家具是指人类维持正常生活、从事生产实践和开展社会活动必不可少的一类器具。狭义家具是指在生活、工作或社会实践活动中供人们坐、卧或支撑与贮存物品的一类器具与设备。

1.1.2 现代家具的特性

1.1.2.1 使用的普遍性

从时间上分析，家具伴随着人类社会的产生而产生，并且随着人类社会的发展而发展。家具使用的普遍性在古代已得到了广泛的证明；在现代社会，在人类工作、学习、教学、科研、交往、旅游、娱乐、休息等衣食住行的有关活动中，家具都与人密切相关。

从空间上分析，家具以其独特的功能贯穿于现代生活的方方面面，而且随着社会的发展和科学技术的进步，以及生活方式的变化，家具也处在发展变化之中。如我国改革开放以来发展的酒店家具、商业家具、现代办公家具、户外家具（见图 1-1 到图 1-4），以及民用家具中的音像柜、首饰柜、整体衣柜、家庭酒吧、厨房家具、儿童家具等（见图 1-5 到图 1-8），特别是信息时代的 SOHO 办公家具，更是现代家具发展过程中产生的新门类，它们以不同的功能特性，不同的文化语汇，满足了不同使用群体不同的心理和生理需求。

图 1-1 酒店家具

1.1.2.2 功能的二重性

家具不仅是一种简单的功能物质产品，而且是一种广为普及的大众艺术品，既要满足某些特定的用途，又要满足供人们观赏，使人们在接触和使用过程中产生某种审美愉悦、引发丰富联想的精神需求。所以说，家具既是物质产品，又是艺术创作，这便是家具功能的二重性特点。

图 1-2　商业家具

图 1-3　办公家具

图 1-4　户外家具

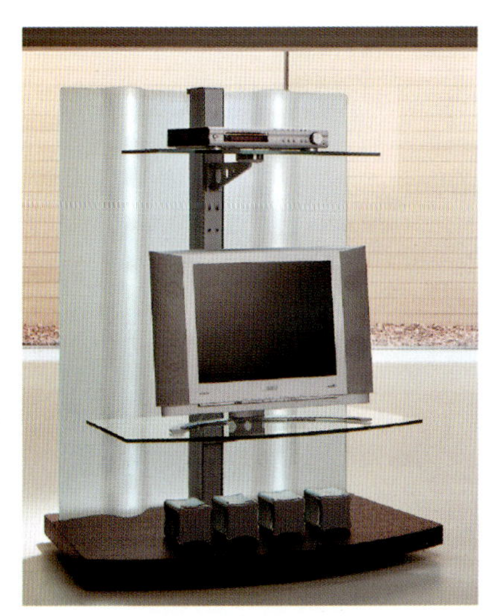
图 1-5　音像柜

图 1-6　整体衣柜

1.1.2.3　丰富的社会性

家具的类型、数量、功能、形式、风格和制作水平以及当时的占有情况，反映了一个国家与地区在某一历史时期的社会生活方式、社会物质文明的水平以及历史文化特征。家具是某一国家或地域在某一历史时期社会生产力发展水平的标志，是某种生活方式的缩影，是某种文化形态的显现，因而家具凝聚了丰富而深刻的社会性。

图 1-7　厨房家具

图 1-8　儿童家具

家具不仅表现为一类生活器具、工业产品、市场商品，同时还表现为一类艺术作品，是一种文化形态与文明象征。

1.1.3　家具与生活

生活方式是在一定的生产方式基础上产生，在诸多主客观条件下形成和发展的人们生活活动的典型方式和总体特征。生活方式的产生、形成和发展除了受生产方式的制约外，还受到自然环境、政治制度、思想道德、科学文化、历史传统、风俗习惯、社会心理等多种条件的制约。对个人来说，其生活方式还受到年龄、性别、心理特征、信仰爱好、文化素质、价值观念等因素的影响。

家具与生活方式紧密相关，从家具的类型、造型和功能上，可以明显看出人们的生活方式，家具是生活方式的缩影。

生活是家具设计与开发的源泉——生活方式的演变对家具设计思潮产生着重要的影响，促进了家具设计的发展，其多样性也决定了家具设计的多样性。

1. 家具与物质生活

很多设计思想都是从物质生活开始的，因为它是人的第一需求，只有在满足此需求的基础上，才考虑如何提高其质量，思想的火花才能迸发，家具设计也是如此。例如，卧房家具中床的变化，从过去的木架式到箱式，并进一步发展成为现在的人体工程床、多功能床（见图 1-9）等，体现了物质生活要求引起的家具设计的变化。家具设计师必须关注物质生活的每个细节，对近期或长远的物质生活进行预测，洞察家具设计思想的变化和趋势。

2. 家具与精神生活

工业化生产忽略了对人情感的关注，否定历史和文化传统，注重理性，重统一、轻多样，产生了千篇一律的工业产品；精神生活匮乏，人们的生活显得单调，缺乏生机。在这样一个由信息爆炸引起的社会面貌和人类观念大动荡和大改变的时代，人类有一种强烈的被忽视的失落感；人们的生活节奏加快，生活工作压力更大，感情生活简单，人际关系冷漠，心理压抑较大。工作之余，希望可以释放自己的情感，寻找精神安慰，体会温馨。家具产品设计充分考虑使用者对这些产品的感受或经验，家具设计趋向人性化，注重人的情感；同时，简洁的造型、细腻的质感、完美的工艺，可以使人彻底放松身心，得到心理上的平衡和安慰，简约设计、追求个性、彰显自我，成为家具设计的主流（见图 1-10）。

图 1-9　多功能床

图 1-10　Placenta 休闲椅

3. 家具与工作方式

信息时代之前，办公以有纸化办公为主，效率较为低下，办公家具体量增大，功能逐渐完善，装饰增多和豪华化。随着信息时代的到来，互联网的普及，网络技术的发展，生活节奏加快，信息存储量大，计算机、打印机、传真机等电子办公用品占据主角，呈现出无纸化办公的特点。此时的家具设计思想是如何合理规划家具，使功能布局更加合理，提高办公效率。此时办公家具设计思想是简洁、适用、灵活、舒适，表现为家具易于拆装，能够根据需要自由移动，符合人体工程学，提高工作效率（见图 1-11）。

图 1-11　现代办公家具

1.1.4　家具与建筑室内环境

1.1.4.1　家具与建筑室内环境的关系

家具是构成建筑室内空间环境的使用功能和视觉美感的第一至关重要因素。尤其是在科学技术高速发展的今天，由于现代建筑设计和结构技术都有了很大的进步，建筑学的学科内涵有了很大的发展，现代建筑环境艺术、室内设计与家具设计作为一个学科的分支逐渐从建筑学科中分离出来，形成新的专业。

由于家具是建筑室内空间的主体，人们的工作、学习和生活在建筑空间中都是以家具来演绎和展开的，无论是生活空间、工作空间，还是公共空间，在建筑室内设计上都要把家具的设计与配套放在首位。家具是构成建筑室内设计风格的主体，然后再深入考虑天花、地面、墙、门、窗等各个界面的设计，加上灯光、布艺、艺术品陈列、现代电器的配套设计，综合运用现代人体工程学、现代美学、现代科技的知识，为人们创造一个功能合理、完美和谐的现代建筑室内空间。

1.1.4.2　家具在建筑室内环境中的作用

家具在建筑室内环境中，起到组织空间、分隔空间、丰富空间的作用。

1. 组织空间，识别空间

建筑室内为家具的设计、陈设提供了一个限定的空间，在这个限定的空间中，通过家具去合理组织安排室内空间。如沙发、茶几，有时加上灯饰、声像电器装饰柜组成起居、娱乐、会客、休闲的空间（见图 1-12）；餐桌、餐椅、酒柜组成餐饮空间；床、床头柜、大衣柜可以组成卧室空间等。通过家具组织室内空间时，一要做到每一组家具主次分明，以主要家具为中心，其他家具围绕主要家具布置。此外，家具的数量、尺寸与体量要与室内空间相适应，做到有效利用室内空间，提高室内空间利用率。

图 1-12　家具组织空间

2. 分隔空间，变化空间

在现代建筑中，由于框架结构的建筑越来越普及，建筑的内部空间越来越大、越来越通透，利用家具来分隔空间在许多室内设计中得到广泛应用。无论是现代的大空间办公室、公共建筑，还是家庭居住空间，墙的空间分隔作用越来越多地被隔断家具所替代，既满足了使用的功能，又提高了空间利用率。如在居室设计中，利用橱柜来分隔房间；在厨房与餐厅之间，利用吧台、酒柜来分隔；在商场、超市利用货架、货柜来划分区域；大空间办公室的现代办公家具组合屏风与护围，组成互不干扰又互相连通的具有写字、电脑操作、文件贮藏、信息传递等多功能的办公单元等（见图 1-13）。

图 1-13　家具分隔空间

3. 调节色彩，丰富空间

家具在室内空间中所占的比例较大，体量比较突出，因此家具就成为体现室内空间氛围的重要角色。家具的色彩在整个室内环境中具有举足轻重的作用。在一个色调沉稳的客厅中，一组色调明亮的沙发会令使用者精神振奋，并能吸引他们的视线，从而起到形成视觉中心的作用（见图 1-14）。在进行室内色彩处理时，经常以家具织物的调配来构成室内色彩的调和或对比，取得整个房间的和谐氛围，创造舒适的室内色彩环境。

图 1-14　沙发作为客厅的视觉中心

家具也是丰富室内空间的主要手段，通过家具形式的变化，摆放家具时的错落有致，采用小型家具进行点缀，改变家具的摆放位置、角度等，使空间产生节奏、韵律（见图 1-15）。

图 1-15　家具丰富空间

1.1.4.3 家具与建筑室内环境的和谐统一

家具设计与室内设计都遵循“以人为本”的理念，根本目的都是为了满足人们日常生活及其人际交往的需要。室内设计通过色彩、材料、家具、陈设品、灯光、界面等表达设计主题及思想，而家具则通过造型、材料、色彩等对人产生影响，反映室内设计所表达的思想、文化，并服务于室内设计的主题，同时又是室内设计突出表现的一部分。

家具设计要与建筑室内设计相统一，家具的造型、尺度、色彩、材料、肌理要与建筑室内环境相适应。

1.2 家具设计综述

1.2.1 设计

现代设计包括现代工业、商业、公共事业、环境等造型计划，它是一种现代物质文明、艺术与科学相结合的产物。

Design“设计”，源于拉丁语 Designare（动词）“制图、计划”，Designum（名词）“徽章、记号”，设计就是通过符号把计划表示出来。

英文中，“Design”的基本含义是“为实现某一目的而设想、筹划和提出方案”，表示一种思维、创造的过程，以及将这种思维创造的结果以符号表达出来。

中文中，“设”即“陈设、筹划、安排”；“计”即“谋划、打算、计虑、策略”。《新华词典》中“设计”解释为：按照任务的目的和要求，预先定出工作方案和计划，绘出图样。

广义的设计，指人类一切有目的、有计划的创造性活动，包括观念、思想、理论、制度、法规等；而狭义的设计，专指艺术设计，即在与人的生活、工作方式相关的各种造型领域，应用美的艺术规律，结合科学与技术的一种创造活动，创造人类社会新的生活形态。

总的来说，设计就是设想、运筹、计划与预算，是人类为实现某种特定目的而进行的创造性活动。

1.2.2 工业设计

1.2.2.1 工业设计的产生与发展

工业设计（Industrial Design），真正为人们所认识和发挥作用是在工业革命爆发之后，以工业化大批量生产为条件发展起来的。当时大量工业产品粗制滥造，严重影响了人们的日常生活，工业设计作为改变当时状况的必然手段登上了历史的舞台。

传统的工业设计是指对以工业手段生产的产品所进行的规划与设计，使之与使用者之间取得最佳匹配效果的创造性活动，其核心是产品设计。随着历史的发展，设计内涵的发展也更趋于广泛和深入。现代工业设计所带来的物质成就及其对人类生存状态和生活方式的影响是过去任何时代所无法比拟的，现代工业设计的概念也由此应运而生。

现代工业设计可分为两个层次：广义的工业设计和狭义的工业设计。

广义的工业设计，是指为了达到某一特定目的，从构思到建立一个切实可行的实施方案，并且用明确的手段表示出来的系列行为。它包含了一切使用现代化手段进行生产和服务的设计过程。

狭义的工业设计，单指产品设计，即针对人与自然的关联中产生的工具装备的需求所做的响应，包括为了使生存与生活得以维持与发展所需的物质性装备（如工具、器械与产品等）所进行的设计。产品设计的核心是产品对使用者的身、心具有良好的亲和性与匹配性。狭义工业设计的定义与传统工业设计的定义是一致的。由于工业设计自产生以来始终是以产品设计为主的，因此工业设计常常被称为“产品设计”。

1.2.2.2 工业设计的定义与目的

目前被广泛采用的定义是国际工业设计协会联合会（ICSID）在1980年的巴黎年会上为工业设计下的修正定义：“就指生产的工业产品而言，凭籍训练、技术知识、经验和视觉感受而赋予材料、结构、构造、形态、色彩、表面加工以及装饰以新的品质和规格，叫做工业设计。”

批量生产的工业产品，无论是日常生活消费品还是生产资料，都属于工业设计的范畴。如日用陶瓷、玻璃器皿、文具、家具；各类家用电器；机床、医疗器械、计算机；自行车、摩托车、汽车、火车、飞机、轮船；建筑物及其内外装饰等。

工业设计是工业现代化和市场竞争的必然产物，其设计对象是以工业化方法批量生产的产品，通过工业产品创造合理的生存方式。工业设计的目的是使产品符合目标，满足人的生理、心理需求，是功能、技术与艺术的综合，作用是优化产品、优化环境、优化生活，提高工作效率和生活质量。

1.2.2.3 工业设计的类型

随着工业设计领域的日益拓宽，不同领域又具有各自的特点，可以从不同的角度对工业设计的领域进行划分。

1. 按照艺术的存在形式进行分类

二维设计：即平面设计，是针对在平面上变化的对象，如图形、文字、商标、广告的设计等。

三维设计：也称作立体设计，如产品、包装、建筑与环境等。

四维设计：指平面与空间相结合的设计，如壁画设计、橱窗设计、展览设计、舞台设计等。

2. 从人、自然与社会的对应关系出发，按照学科形成的本质含义上分类

产品设计：相当于狭义的工业设计，是以三维设计为主。

环境设计：包括各类建筑物的设计、城市与地区规划、建筑施工计划、环境工程等。

传播设计：是对以语言、文字或图形等为媒介而实现的传递活动所进行的设计。根据媒介的不同可归为两大类，一类是以文字与图形等为媒介的视觉传播，另一类是以语言与音响为媒介的听觉传播。

3. 按照工业设计概念与界定来分类

随着科技的发展和现代化技术的运用，工业设计与工艺美术设计的界限正在变得日益模糊，工业设计作为连接技术与市场的桥梁，迅速扩展到商业领域的各个方面。

广告设计：包括报纸、杂志、招贴画、海报、宣传册、商标等。

展示设计：包括铺面、橱窗、展示台、招牌、展览会、广告塔等。

包装设计：包括包装纸、容器、标签、商品外包装等。

装帧设计：包括杂志、书籍、插图、卡通与版面设计等。

1.2.3 家具设计

1.2.3.1 家具设计的定义

家具设计（Furniture Design），是为满足人们使用的、心理的、视觉的需要，在投产前所进行的创造性构思与规划，并通过图纸、模型或样品表达出来的过程。

1.2.3.2 家具设计的性质

现代家具是利用现代工业原材料，通过高效率、高精度的工业设备而批量生产的工业产品，因此家具设计属于工业设计的范畴。

1.2.3.3 家具设计的内涵

家具设计解决的是人和物的关系问题，对二者的研究缺一不可。

一方面，产品是为人服务的，要使产品最大限度地满足人的生理和心理两个方面的需求，首先要研究人，研究人的生理特征，人体各部位的尺寸数据、运动和操作规律、感知反应过程、视觉疲劳、肌肉疲劳理论等。它的研究目的在于产品与人相互适应，以便在人们使用时，省时、省力、简便、迅速、安全、舒适、准确、高效。家具设计除研究人的生理现象以外，还要研究人的心理特征，人不仅具有生物属性，还有社会属性，有了社会属性，需求就有了层次。需求层次分为生活需求、安全需求、社会需求、实现需求，人在最基本的需求满足之后，紧接着就是更高一级的需求，人的需求是无止境的。人们要求所用之物，与自己的身份、地位相符，要显示和标明自己的个性、修养和文化水准，以达到自我实现需求的满足。所以，要使产品满足不同层次的需求，就必然要研究人们的消费心理。由此可见，在家具设计这一创造过程中，涉及生理学、心理学、人体工程学、文学、美学、社会学以及与人们的需求有关的其他多种学科。

另一方面，家具设计要研究物（即产品）。现代家具的概念是：用适当的物质材料、经机械加工制成的，具有一定功能效用和审美价值的、与现代环境、现代观念吻合的物质实体。既然现代家具是这样一种物质实体，那么家具设计又要涉及自然学科中的数学、物理、光学、材料学、机械原理、加工工艺等。

此外，家具是商品，经过流通渠道到达消费者手中。所以家具设计又要从商品的角度，兼顾生产者和消费者双方利益，研究价值工程、市场学、销售学、经济法规以及广告策略、销售渠道等。

所以说，家具设计是立体思维的产物，是现代科学与现代艺术的结晶，是自然科学与社会科学的交叉，是现代观念、现代环境、现代生活的组成部分。

1.2.3.4 家具设计的类型

（1）家具设计根据设计的性质和目的，可分为概念设计与商业设计。概念设计（Concept Design），是指从产品的需求分析之后，到详细设计之前这一阶段的设计过程。概念设计的关键在于概念的提出与运用两个方面，具体来讲它包括了设计前期的策划准备；技术及可行性论证；文化意义的思考；地域特征的研究；客户及市场调研；设计概念的提出与讨论；设计概念的扩大化；概念的表达；概念设计的评审等诸多步骤。

家具产品的概念设计，是对家具产品的外观形态进行设计，其目标是获得产品的基本形式或形状（见图 1-16）。家具产品商业设计的主要目的是通过设计构思、设计表达、生产加工，制造出符合设计要求的产品，投入市场，满足消费者需求。换句话理解，所谓的商业设计就是概念设计的商业化、市场化。概念设计更多关注的是产品的造型或艺术效果，而商业设计除了造型之外，还要综合考虑功能、结构、人体工程学、生产过程等因素，更要考虑设计出的产品能否为市场所认可和接受。

a）　　b）

图 1-16　概念家具

（2）根据家具设计的要求和特点，可分为原创设计与改良设计。原创设计，是针对新的需求，针对新材料、新工艺、新技术的创造性产品开发设计。原创设计与未来相关联，其特点是创新，即新颖性与创造性。创新包括原理创新、结构创新、外观创新。原理创新是运用一种新的技术原理到产品设计中，从而产生出新颖、先进的技术产品；结构创新是设计工作从抽象到具体的主要环节，是实现设计原理创新方案的保障，涉及材料选用、加工制作的工艺性、产品的经济性及与社会环境的适应性等诸多因素；外观创新是运用技术手段与艺术处理相结合而赋予产品美观外形的创造活动。

原创是模仿的反义词，但不反对和排斥模仿，模仿是原创的必然经历；原创质疑传统，但不反对传统，而以传统为参照物并承传与更新传统。我国的家具设计师在借鉴与继承传统的基础上，紧贴时代生活，结合现代科技、新工艺、新材料，设计出一系列优秀的原创家具作品（见图 1-17）。

改良设计，与现有产品相关联，是在现有产品基础上的整体优化和局部改进设计，使产品更趋完善，更适合消费者与市场的需求，以及环境的需求，或者更适应新的制造工艺和新的材料。改良设计首先要分清现有产品的“不良”之处，即存在的缺点，然后有针对性地进行部位部件的效果分析，再从材料、工艺、结构、形态等方面加以改进与完善。改良设计是借鉴、模仿、吸收优秀设计的重要手段，是提高设计水平的有效途径。

（3）根据家具设计的主要内容，可分为造型设计、结构设计和工艺设计。造型设计，是对家具形态、形体的塑造。组成家具造型设计的三大基本要素为功能、材料和工艺特性、造型形象。功能是家具的用途，包括使用功能、审美功能、象征功能、教育功能、娱乐功能等。材料和工艺特性是构成家具形体的物质基础，要在造型上取得良好的效果，必须熟悉各

a） b）

图 1-17 原创家具

种材料的性能、特点、加工工艺及成型方法，才能设计出最能体现材料特性的家具造型。造型形象体现功能、材料和加工工艺相结合的艺术形象。

结构设计，主要处理家具零部件的接合方式和装配关系。合理的结构不仅可以增加家具的强度，节约原材料，便于机械化、自动化生产，而且能强化家具造型艺术的个性。在家具设计中，结构与造型是互相联系的，在确定了一件家具的外形后，其结构就受到一定的限制；确定了结构后，其外形也被局限在某一范围之内。家具结构设计要考虑家具的类型、所用材料、使用场所、生产加工等因素。

工艺设计，是结构设计得以实现的保证。生产方式和工艺流程取决于工艺设计，它对组织生产起着重要的作用。生产工艺包括加工工艺与装饰工艺，加工工艺使家具造型以实物形式实现，装饰工艺使家具造型更加完美。

1.2.3.5 家具设计中三大要素的关系

1. 功能

家具作为人类生活和活动不可缺少的生活器具，它的实用性是第一位的，如果使用功能不合理，造型再美，也不能使用，只能当作陈设品；但家具又有艺术性的功能，因此单是功能合理而缺乏艺术美的家具只能作为器具使用。

2. 材料和工艺特性

材料和工艺特性是家具构成和造型设计的物质技术基础。设计者必须了解材料的性能及其加工工艺，才能充分利用材料的特性，创造出既新颖又合理的家具造型。

3. 造型形象

家具造型是将家具功能和材料结构，通过运用一定的艺术造型法则，构成的家具形体完美统一的过程。在这一过程中，功能是目的，材料和结构是达到目的的手段，而造型是位于两者之上的综合体。

本章小结

本章在介绍家具概念的基础上，讲述了现代家具是人们普遍使用的生活用品，是批量生产的工业产品，是具有装饰功能与审美功能的艺术作品；家具设计属于工业设计的范畴，其目的是满足人们的物质需要和精神需要；家具设计可以分为概念设计与商业设计，可分为原创设计与改良设计，包括造型设计、结构设计与工艺设计三大部分。

思考题与习题

1. 现代意义上的家具有什么特性?
2. 家具与人类生活如何相互影响?
3. 家具设计包括哪些主要类型?
4. 如何处理家具设计三大要素的关系?

第 2 章　家具风格与类型

学习目标：

1. 熟悉中国传统家具的发展演变；掌握明清家具的艺术特色。
2. 熟悉外国古典家具的发展演变；熟悉有代表性的家具风格特色。
3. 熟悉近现代家具发展过程；了解近现代家具设计大师的经典作品。
4. 熟悉家具分类的方法与类型。

学习重点：

1. 明清家具艺术特色。
2. 英、法等国古典家具风格。
3. 近现代经典家具作品。
4. 家具分类方法及家具类型。

学习建议：

1. 学习中国古典文化、西方文化知识，加深对中外古典家具文化的理解。
2. 了解近现代家具设计思潮以及家具设计大师的设计思想。
3. 参观家具市场，提高对古典家具、现代家具的认识。

2.1　中国传统家具

中国古代家具同中国文明一样历史悠久，受民族特点、风俗习惯、宗教思想、制作技巧等不同因素的影响，走出一条与西方古典家具不同的道路，形成一种独特的东方家具体系，在世界家具发展过程中占有重要和独特的地位。

中国古代家具发展可分为四个时期，即萌芽发生时期、成长壮大时期、发展普及时期、成熟鼎盛时期。

2.1.1　萌芽发生时期（史前至夏商周）

原始社会是人类的第一社会形态，先民们在制作了石器、木结构房屋的同时，也创造了家具和原始古拙的家具艺术，这个时期的家具可以看做是家具的雏形和萌芽阶段。

夏商周时期，除了石质家具外，出现了青铜家具和漆木镶嵌家具，家具品种逐渐增多，有俎、禁、扆、席等，分别是后来桌案类、箱柜类、屏风类、床榻类家具的始祖。这个时期的家具多用于祭祀，兼具礼器功能，带有浓厚的宗教神秘色彩，其宗教及象征意义往往大于实用和审美意义。

2.1.2 成长壮大时期（春秋战国秦汉）

春秋战国时期是我国奴隶社会逐渐衰落瓦解，封建社会逐步建立发展的时期。社会生产得到发展，青铜器生产开始衰落，大部分生活用具被漆器所代替。漆木家具的品种明显增加，除俎、几等之外，还出现了漆大床、衣箱等新的品种。战国漆器色彩艳丽，黑地为主，配以红色彩绘图案，朴素而又华美。同时，随着社会进步，人们审美意识的增强，这个时期的家具开始兼具使用、装饰与欣赏价值。

汉代是我国封建历史上第一个辉煌的年代。社会矛盾缓和，经济得以恢复，手工业快速发展，对外交流扩大。由于经济的发展，家具工艺也进入了一个新的历史时期。漆木家具空前繁荣，数量大、品种多，起居方式以造型低矮的床、榻为中心。家具装饰采用云气纹等具有生活气息的纹样。

2.1.3 发展普及时期（魏晋南北朝、隋唐五代、宋、元）

魏晋南北朝时期是一个长期混战的年代，社会动荡，矛盾突出，为宗教盛行提供了客观条件。由于佛教的传入和当时各民族大融合，扶手椅、胡床等高型坐具开始出现，垂足坐的习俗已经问世，但低矮型家具仍占主导地位。家具上大量采用莲花、火焰等与佛教有关的装饰纹样。

唐朝前期经济发达，政治安定，文化繁荣，国力强盛，是我国封建社会的鼎盛时期，也是当时领先于世界的文明大国。唐代家具品种空前繁多。这个时期人们的起居方式，有席地而坐、在床榻上伸足而坐、侧身斜坐、盘足而坐、垂足而坐等，与之相适应的高、低型家具同时存在。唐代家具在造型上宽大厚重，浑圆丰满，具有博大的气势，稳定的感觉，体现出盛唐时代那种气势宏伟，富丽堂皇的风格特征。

五代十国时期高、低型家具并存，但高型家具已逐渐占据主导地位。从五代画家顾闳中的《韩熙载夜宴图》中，可以看出这个时期的家具品种向成套化发展，家具的造型与装饰简洁无华，朴实大方。

宋代大城市兴盛，商业繁荣，海上贸易繁荣，科技进步。高型家具成熟普及，种类齐全。家具风格上，由于宋代崇尚道家与儒家思想，尊崇自然、倡导秩序，以节俭简洁、工艺规范为美，因此宋代家具造型质朴、结构洗练，装饰隽秀。

2.1.4 成熟鼎盛时期（明、清）

明朝加强了中央集权，奖励开垦，兴修水利，减免税赋，促进了生产力的发展，手工业、商业、城市经济开始繁荣起来。明代前期，社会政治相对稳定，城乡经济繁荣发达，市镇频频崛起，私家园林如雨后春笋般出现，文人、学士、商贾、官僚崇尚室内家具陈设，社会上对家具的需求量剧增。此外，一大批博学广识、多才多艺的文化名人，对家具的品种、形制、用材、艺术情趣进行研究，玩赏、收藏并参与设计家具，对明代家具风格的成熟，有一定的推动作用。可以说，明式家具风格的形成，与当时文人所崇尚的工艺美术、文学艺术中的美学思想是分不开的。明代中叶后，中国古代美学思想进入了一个新的时期，在审美与艺术中表现出推崇自我，崇尚自然之美，主张化古为我，文人的艺术观和理想是淡泊明志，平凡淡雅，强调家具的古雅与精丽，追求质朴无华，在制作方面强调结构精密，工艺精湛，浸润着明代文人们的审美意蕴。

清代是中国历史上最后一个封建王朝，自康熙晚年至乾隆末年近一个世纪，是历史上有名的“康乾盛世”，手工业、商业空前繁荣，家具作坊遍布各地，形成了广州、苏州、北京三大家具制作中心。

2.1.4.1 明清家具的品种

明清家具的种类繁多，按使用功能不同，可分为椅凳类、桌案类、床榻类、橱柜类、其他类等五大类。

1. 椅凳类

椅凳类家具主要是供人在休息、起居、学习、工作等时坐、靠使用。椅凳类家具又可分为椅、凳两类。凳类家具的特点是座面无扶手、无靠背，可分为小凳、杌凳（见图 2-1）、条凳、春凳、交杌（见图 2-2）、坐墩等。明式凳类家具大多质朴无华，而清式凳子多加了装饰，而且外形由矮胖转向瘦高，风格由简洁转向豪华。椅是有靠背或有扶手的坐具，在明清家具中椅子是变化最多的家具品种之一，可分为交椅、圈椅、官帽椅、玫瑰椅、太师椅、宝座等（见图 2-3 至图 2-8）。

图 2-1　明式杌凳

图 2-2　明式交杌

图 2-3　明式交椅

图 2-4　明式圈椅

图 2-5　明式四出头官帽椅

图 2-6　玫瑰椅

图 2-7　清式太师椅

图 2-8　清式宝座

2. 桌案类

桌案类家具主要包括桌子、案、几三个系列，以面板承放器物为主要功能。桌子根据其高低可分为矮桌和高桌，根据其形状可分为方桌、长方桌、条桌、月牙桌、圆桌等，根据其使用场所可分为炕桌、琴桌、酒桌、棋桌、供桌等。案型家具有平头案、翘头案、架几案等。几类家具根据使用功能和形式，可分为炕几、条几、香几、花几、茶几、套几等（见图 2-9 至图 2-12）。

3. 床榻类

床榻类家具以坐、卧为主要功能，榻多布置于客厅、书房、画室等处，是古时起居室的重要家具，榻上可摆放书籍、书画、乐器、文玩等。人们在榻上或坐或倚，习静参禅，读书赏画，交友闲谈，既方便又惬意。榻可分为平榻、贵妃榻（又叫美人榻）等。床可分为罗汉床、架子床、拔步床等（见图 2-13 至图 2-15）。

图 2-9　明式平头案

图 2-10　清式翘头案

图 2-11　明式香几

图 2-12　清式香几

图 2-13　明式罗汉床

图 2-14　明式架子床

图 2-15　明式拔步床

4. 橱柜类

橱柜类家具的主要用途是储藏物品。柜的形体较大，有两扇对开的门；橱的形体较小，在橱面之下有抽屉。明清家具中柜橱的形制很多，有亮格柜、圆角柜、方角柜、博古架、闷户橱等（见图 2-16 至图 2-20）。

图 2-16　明式亮格柜

图 2-17　明式圆角柜

图 2-18　明式方角柜

图 2-19　清式博古架

图 2-20　明式闷户橱

5. 其他类

明清家具品类繁多，特别是清代家具，有很多是前代没有的品种和式样。凡不能归入上述四类的，均可属于其他类。此类家具品种最为丰富，有座屏、围屏、挂屏、面盆架、灯架、衣帽架、提盒、笔筒、文具盒等（见图 2-21 和图 2-22）。

2. 1. 4. 2　明清家具的材料

明清家具所用的材料主要包括主体材料、装饰材料等。明朝及清朝初期的家具，特别是宫中家具的主体材料，常用坚硬细密、色泽幽雅、花纹华美的珍贵硬木，如紫檀木、黄花梨木、鸡翅木、酸枝木、铁力木等，还采用榉木、榆木、楠木、樟木、胡桃木等，民间家具中还常使用杉木、杨木等木材（见图 2-23）。

此外，明清家具不仅讲究木材质量，同时对家具的表面装饰也相当重视，按其材料不同，可分为石材、螺钿、金属饰件等。

图 2-21　盆架

图 2-22　衣架

a)　b)　c)　d)

e)　f)　g)　h)

图 2-23　明清家具常用木材

a）紫檀木　b）黄花梨木　c）酸枝木　d）鸡翅木　e）铁力木　f）榉木　g）榆木　h）黄杨木

2.1.4.3　明清家具的装饰及艺术风格

明式家具在装饰方面，把纯粹的家具装饰与结构装饰紧密结合在一起，充分发挥了硬木的色泽和纹理之美，不饰雕琢。在不影响整体效果的前提下，只是在局部作小面积的雕饰，以繁衬简，朴素而不俭，精美而不繁缛。家具线条雄劲而流畅，家具整体的长、宽和高，整体与局部，局部与局部的比例都非常适宜，充分反映了明式家具的卓越水平。明式家具以结构上的合理化与造型上的艺术化，充分展示出简洁、明快、质朴的艺术风貌，并融雅俗于一体，雅而致用，俗不伤雅，达到美学、力学、功用三者的完美统一（见图 2-24）。

a）　　b）

图 2-24　明式四出头官帽椅

明式家具艺术特色为：

造型上，以线为主，洗练大方；

结构上，严谨科学，榫卯合理；

装饰上，繁简相宜，手法灵活；

选材上，多用硬木，纹理优美。

清式家具给人威严、稳重、豪华的感觉，与明式家具的朴素、轻巧形成鲜明对比。清中晚期及以后的家具，受西方外来艺术影响较大，采用西洋图案或装饰手法的占有相当比例。注重装饰性是清式家具最为显著的特征。为获得富贵豪华的装饰效果，充分利用各种装饰材料和调动工艺美术的各种手段，集装饰技法之大成（见图 2-25）。

清式家具的艺术特色为：

形制上，式样丰富、体态凝重；

用料上，选材考究、作工精细；

装饰上，手法多样、繁缛华贵；

艺术上，博采众长、融汇中西。

图 2-25　清式太师椅

2.2　外国古典家具

外国古典家具的发展大致经过古代、中世纪、文艺复兴时期、巴洛克、洛可可、新古典主义等几个时期，意大利、法国、英国等国的古典家具富有鲜明的特色，至今仍具有独特的艺术魅力。

2.2.1　外国古代家具

外国古代家具以古埃及、古希腊、古罗马家具为代表。古埃及家具造型多遵守对称原则，方正严肃，略显呆板。古希腊的家具采用自然而优美的形式，使家具的生活感受向前推进了一步，实现了功能与形式的统一，体现了自由活泼的气氛，线条流畅、简洁，造型轻巧，给人优美舒适的感觉。古罗马家具受希腊家具艺术影响较大，并把希腊风格的装饰和造型繁杂化。

2.2.2　中世纪家具

从公元 476 年西罗马帝国灭亡到 15 世纪文艺复兴运动，西方世界经历了漫长而黑暗的中世纪。中世纪开始时，文化遭到破坏，社会秩序混乱，文学艺术无人研究，整个欧洲几乎陷入黑暗之中。这个时期，神权至高无上，神职人员成为神的代言人，艺术成为神权的奴隶，为了强调宗教气氛和神秘主义，中世纪教会使用的家具造型高耸、挺拔严肃。这个时期，有代表性的家具风格有拜占庭式（见图 2-26）和哥特式（见图 2-27），外形以模仿建筑造型及建筑装饰为主。

图 2-26　马克西米王座（拜占庭式）

图 2-27　马丁王银座（哥特式）

2.2.3　文艺复兴式家具

文艺复兴是一个历史时期的称呼，指在 14～17 世纪中叶，以意大利为中心，对古希腊、古罗马文化的复兴运动。当时教会权势逐渐衰败，学术研究日趋自由，欧洲文明开始从以神为中心转向以人为中心，追求真理，倡导人文主义，因而促成了近代文明的萌芽。15 世纪后期，文艺复兴运动对装饰家具的制作产生了极大影响；在 16 世纪前半期，影响了整个欧洲家具艺术，取代了哥特式家具在中世纪后期的地位。文艺复兴式家具在欧洲流行了 100 多年。

意大利是文艺复兴的发源地，也是文艺复兴式家具创始和发展的温床。在 15 世纪，意大利家具装饰细节丰富，尺寸偏大，缺乏分类，当时人们很少雇佣艺术家、建筑师进行室内家具设计，家具不被看做是整体规划的一部分，而是归于画家的工作部分。到 15 世纪中期这种态度有所转变，家具成为建筑与室内总体设计的一部分而受到重视。意大利文艺复兴时期最著名、最精致的家具是一种传统的婚礼箱（见图 2-28）。

图 2-28　文艺复兴时期意大利的婚礼箱

2.2.4 巴洛克家具

17 世纪整个欧洲的设计都有烦琐夸张的倾向，“巴洛克”一词来源于葡萄牙语“Barroque”，意为畸形的珍珠，并有扭曲、不整齐之意，是 18 世纪新古典理论家以嘲讽的口气评论 17 世纪意大利艺术风格的用语，并将之蔑称为“巴洛克式”（Barroque Style）。追求动感是巴洛克艺术永恒的主题，巨大的雕刻被极度夸张、扭曲，所有的雕刻是为了刺激人的感官。早期尺度非常夸大，后期又加上层叠而过分的装饰，气势迫人。巴洛克家具外表装饰在 17 世纪中叶后更加精彩。早期的实木表面已变为彩绘、镀金、细木镶嵌等。巴洛克风格是一种男性化的风格，充满阳刚之气，汹涌狂烈而坚实稳定。巴洛克家具诞生在意大利，成熟在法国。

法国路易十四式家具（见图 2-29）是典型的巴洛克风格，雄伟、奢华、庞大，装饰特征男性化，带有夸张而厚重的古典型式，采用直线和弧形曲线相结合、矩形、对称的结构特征。雕刻丰富饱满，常用题材有动物、面具、狮首、狮爪、叶饰、乐器等。

图 2-29　路易十四式雕花桌

2.2.5 洛可可家具

洛可可一词来源于法语“Rocaile”，意为贝壳和岩石，洛可可艺术是 18 世纪初法国宫廷形式的一种室内装饰及家具设计手法，随后传入欧洲其他国家，成为 18 世纪流行于欧洲的装饰及造型艺术风格。洛可可艺术以自然界的动植物形象作为主要的装饰要素，叶与花穿插于岩石和贝壳之间，外轮廓形式不规则，家具本身纤细、轻巧、富有浪漫主义色彩。

法国的路易十五式、英国的安妮女王式和齐彭代尔式都具有典型的洛可可风格。

路易十五式家具（见图 2-30），轻巧、柔和、符合人体尺度，重点放在曲线上，家具腿部无横档，装饰上受到中国装饰风格的影响，采用薄木贴面，镶嵌、彩绘、金属饰件等。

安妮女王式家具（见图 2-31）以简洁的造型、洗练的装饰、均衡的比例、完美的曲线著称，其典型标志是 S 形腿所采用的优美曲线。

图 2-30　路易十五式长椅

齐彭代尔（Thomsa Chippnedale，1718—1779），是英国最有权威和成就的一代家具设计大师，也是英国第一个以其名字命名家具风格的平民。他采用桃花心木为材料，背板采用薄板透雕，将带饰、网格花纹、岩石、贝壳等图案巧妙地结合在一起，善于运用对比强烈的曲线和牢固的木结构，使他的家具获得极大活力。齐彭代尔式家具（见图 2-32）将洛可可、哥特式、中国式和其他风格融于一体，其特色表现在有力的线型结构上，具有一种厚重、雄浑、庄严的英国绅士的感觉。

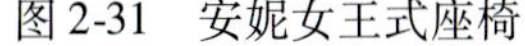

图 2-31　安妮女王式座椅

图 2-32　齐彭代尔式座椅

2. 2. 6　新古典家具

从 1763 年起，科学革命、工业革命、政治革命三大革命给欧洲带来巨大的推动力量，使欧洲成为世界的主宰。17 ~ 18 世纪的巴洛克和洛可可风格在某种意义上反映了封建统治者生活的腐化、奢侈，新兴的资产阶级厌倦了烦琐的装饰，在艺术上用简洁明快的手法代替过去那些陈旧的东西。

在欧洲，新古典主义风格的家具主要包括法国路易十六式、帝政式，以及英国的亚当式、赫普怀特式、谢拉顿式等。

法国路易十六式家具（见图2-33）呈现出优雅、轻巧、朴素的格调，古建筑形式再次成为家具设计的主题，家具的腿如同建筑的柱子，是垂直形式中的重要因素，直线和矩形成为家具设计的基础。把原来的桌椅的S形腿改为直线凹槽形，脚端用水果、花球等雕刻形式。家具式样简朴、精练，做工考究，装饰文雅，多以直线为主，曲线较少，形体稳定轻盈，实用性较强。

法国帝政式家具（见图2-34）威严、扩张、严肃，造型对称，形体厚重结实，质地优良精致，主要显示权威与尊贵，常忽略家具本身的实用性和结构的合理性，盲目地模仿古典建筑与古典家具，有生硬与虚假的弱点。

图2-33　法国路易十六式座椅

图2-34　法国帝政式扶手椅

英国的亚当兄弟（Adam Brothers）式家具（见图2-35）的特色是不放过细节，把古典的对称形式作为设计的准则，形成一种规整、优美、朴素的古典美。家具形体变小，结构简单，更注重装饰美和实用性，多由方形直线框架构成。

乔治·赫普怀特（George Hepplewhite 1700—1786），其作品（见图2-36）具有迷人典雅的古典风格，很少有冷漠的直角，将造型美、实用性、结构合理与欣赏价值完美统一。

托马斯·谢拉顿（Thomas Sherton 1751—1806），其作品（见图2-37）以轻便、简朴、实用、多功能著称，功能与实用放在第一位。造型上基本以直线为主，强调纵向的延伸，家具的脚部多用金属箍住或加上轮子。

图2-35　亚当式

图2-36　赫普怀特式

图2-37　谢拉顿式

2.3 近现代家具

工业革命带来了各种新技术、新工艺、新材料，从而促进了近现代家具的产生。

2.3.1 现代家具的萌芽

2.3.1.1 托耐特与曲木家具

迈克尔·托耐特（Michael Thonet，1796—1871）出生于莱茵河畔的一个小村庄，其父亲从事家具制造，他从小掌握各种木工技艺。早年注重家具的品质和技术上的突破，1819年开设家具工厂。1830年开始研究单板模压技术和弯曲木技术，这项技术缩短了家具生产周期，降低了成本。1851年参加伦敦博览会获得优胜奖。1859年推出著名的14号椅（见图2-38），受到极大欢迎。作为一名家具师，托耐特以卓越的艺术才能著称；作为一名企业家，他拥有当时世界最大的家具厂；作为发明家和革新家，生产出了当时世界一流的家具产品，如7027号摇椅、单板模压椅等（见图2-39和图2-40）。

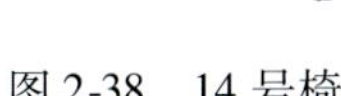

图2-38　14号椅

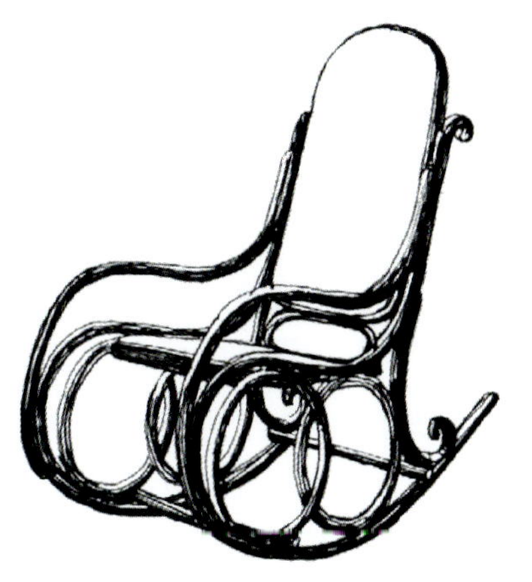

图2-39　7027号摇椅

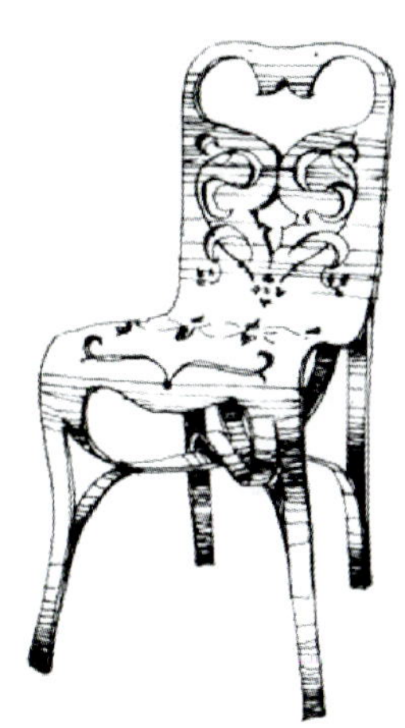

图2-40　单板模压椅

2.3.1.2 英国工艺美术运动

英国工艺美术运动的代表人物约翰·拉斯金（John Ruskin，1819—1900）主张艺术与技术相结合，这种提法成为工艺美术运动、新艺术运动及早期工业设计的口号。他认为艺术脱离日常生活，并对机械化生产方式表示怀疑。

另一位代表人物是威廉·莫里斯（William Morris，1834—1896），赞美中世纪手工技艺的美好，厌恶工业化带来的单一与无个性，认为只有艺术家和工匠合作，才能获得优质的作品。他成立了莫里斯商行（MMF），制作由设计师设计的家具、雕塑，生产了一批质地与工艺优秀的作品（见图2-41），这些家具过于考究，不能成为大众化的消费品。他被视为现代设计之父。

莫里斯的思想在英国产生了巨大影响，一大批年轻的艺术家、建筑家纷纷响应，从19世纪50年代到20世纪20年代，形成了英国设计革命的高潮，即工艺美术运动（Arts and Crafts Movement）。工艺美术运动的设计思想集中体现在家具上，就是注重选材、家具结构与装饰的统一。但莫里斯排斥机械生产，从根本上对机械化生产产生误解和抵制，具有消极意义。

2.3.1.3 新艺术运动

新艺术运动兴起于法国，最初取得成功是在比利时。新艺术运动的领导人物有霍塔、博维、维尔德等，他们最初受工艺美术运动的影响，后来形成了自己的家具和室内设计形式。

英国的麦金托什（Charles Rennie Mackintosh，1868—1928），是英国新艺术运动的中坚人物，他认为家具的形式应该是垂直向上的和优美雅致的，喜欢用直线和直角来表达自己的风格（见图 2-42）。

图 2-41 莫里斯商行扶手椅

图 2-42 麦金托什设计的高背椅

新艺术运动给人们的设计思想观念带来了一场革命，历史传统主义不再是家具及室内设计的唯一要素，人们冲破了历史的束缚，走向一种更加自由、更自然的新艺术形式。艺术与技术结合的同时，还必须与大工业结合才能真正实现艺术为普通大众服务的理想。

2.3.2 现代家具的发展

2.3.2.1 荷兰风格派

荷兰风格派运动是一些画家、设计家、建筑师在 1918—1928 年组织起来的一个松散的集体。主要发起者是杜斯博格（Theo Van Doesbury，1883—1931），中坚人物有画家蒙德里安（Piet Mondrian，1872—1944），建筑与家具设计师雷特维尔德（Gerrit Rietvird，1888—1964）等。荷兰风格派运动是现代设计国际运动中一个非常重要的组成部分，提出了“艺术家、雕塑家、建筑师、设计家应当联合起来，成为一个有机整体”的口号，专注通过艺术手段改造社会的目的，相信优秀的设计可以改变人们的生活方式。

图 2-43 红蓝椅

对风格派家具作出巨大贡献的雷特威尔德，1917 年制作了著名的红蓝椅（见图 2-43）。红蓝椅最早的抽象形态，以立体的语言和风格的表现手法，将风格派绘画的平面艺术推向三维空间，成为风格派造型艺术的典范。

2.3.2.2 德国包豪斯学派

Bauhaus，意为“建筑之家”，含有“中世纪工匠组合”的意思，1919 年成立，格罗佩斯（Walter Gropius，1883—1969）是第一任校长。包豪斯的成功不仅是一个学校的成功，而是一种运动、设计思想的成功，一场指导工业产品走向设计的成功。解决了艺术与技术长期脱节的问题，使学生成为驾驭材料、设计、工艺与理论的匠师，把学校教育与社会生产挂钩，一些师生设计的作品直接交给工厂生产。

马歇尔·布鲁耶（Marcel Breuer，1902—1981）是现代家具设计发展历程中最具突破性的一位大师。他 1920 年进入包豪斯，1924 年留校成为校木工厂和家具厂的领导。他设计的作品有瓦西里椅、西斯卡椅、布鲁耶椅等（见图 2-44 至图 2-46）。

图 2-44 瓦西里椅

图 2-45 西斯卡椅

图 2-46 布鲁耶椅

包豪斯学院对现代艺术设计作出了重大贡献，首先它倡导了艺术与科技结合的新精神，发展了现代设计的新风格；其次，创立了工业化时代艺术教育的基本原则和方法，为工业设计指明了发展方向。包豪斯是现代工业设计史、现代建筑史、现代艺术史上一个重要的里程碑，是艺术设计作为一门学科确立的标志，是现代设计的摇篮。

2.3.2.3 国际式家具

20 世纪 20 年代末到 20 世纪 30 年代初，建筑界出现了新的建筑流派，以年轻的建筑师密斯·凡·德·罗、勒·柯布西耶为旗手，提出“走向新建筑”的口号，强调建筑的实用功能，注重建筑的空间和体量设计，反对套用历史上的建筑式样，废弃建筑外部的虚饰。这种新的建筑风格被称为“国际式建筑”。在室内设计和家具方面，同建筑的国际式一样，表现了西方世界一种崭新的家具风格。

密斯·凡·德·罗（Mies van de Role，1886—1970），1926 年设计制作了 MR 椅，表现了一种轻巧、透明、优雅的家具形式。他的作品有巴塞罗那椅、悬臂椅等（见图 2-47 和图 2-48）。他以“少就是多”的设计思想从事建筑、室内和家具设计，成为高度概括的“密斯风格”。

勒·柯布西耶（Le Corbusier，1887—1965），是现代主义设计思想的理论奠基者，建筑设计大师，被称为“现代主义之父”。其设计的家具作品不多，但多为经典之作（见图 2-49）。

图 2-47　巴塞罗那椅

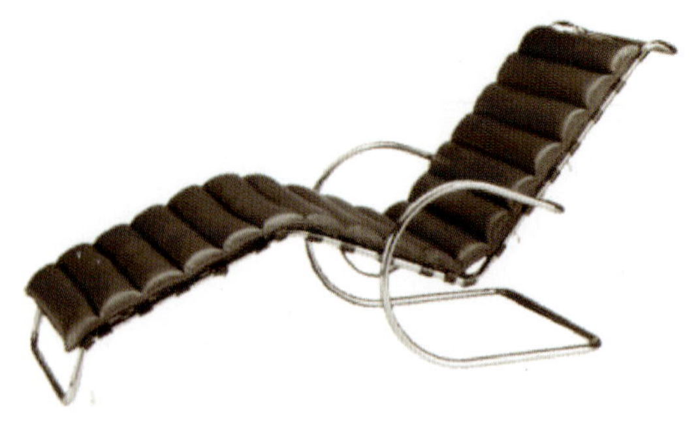

图 2-48　悬臂椅

图 2-49　勒·柯布西耶设计作品

2.3.3　现代家具的成熟

2.3.3.1　北欧家具

北欧设计，也叫斯堪的那维亚设计。北欧四国指丹麦、瑞典、挪威、芬兰，主要涌现出了一大批知名的家具设计大师，如凯拉·克林特、芬·居尔、阿诺·雅克布松、汉斯·威格纳、维纳·潘东、娜娜·迪赛尔、阿尔瓦·阿尔托、约里奥·库卡波罗……他们设计的经典家具（见图 2-50 至图 2-57）受到全世界的欢迎与重视。

图 2-50　红椅
（凯拉·克林特 设计）

图 2-51　Pelican Chair
（芬·居尔 设计）

图 2-52　蛋椅
（阿诺·雅克布松 设计）

图 2-53　中国椅（汉斯·威格纳 设计）

图 2-54　锥形椅（维纳·潘东 设计）

图 2-55　Trinidad 椅（娜娜·迪赛尔 设计）

图 2-56　悬臂椅
（阿尔瓦·阿尔托 设计）

图 2-57　卡路赛利（Karuselli）椅
（约里奥·库卡波罗 设计）

北欧家具设计坚持功能主义，注重人类工效学，坚持完美的结构与卓越的品质，具有优雅的创意和适当的功能，重视整体效果与局部细节，表现出对形式和装饰的节制，对传统价值的尊重，对天然材料的偏爱，对形式和功能的统一，对手工品质的推崇，显得既不冷漠也不张扬。

2.3.3.2 美国家具

美国在建国早期，在文化艺术、社会风尚的传播流行方面都比欧洲晚一个节拍，但都能随后跟上，并创造出不少惊人成绩。到了19世纪末，各种交流方式的发展更新，使得欧洲出现的几乎所有艺术思潮、设计动向都能在同一时期传到美国，两个大陆在文化上从此得以同步发展。在现代建筑、现代设计运动中，美国也涌现出一批卓有成就的先驱人物，他们丰硕的设计成果对现代设计运动作出了重大贡献。

弗兰克·劳埃德·赖特（Frank Lloyd Wright，1867—1959），身兼设计先驱及现代设计大师双重身份，他在设计中最为彻底地强调建筑、室内、家具、灯具、地毯等全局设计的统一，一切都以建筑设计为中心，室内、家具都是为某一处特别的建筑而设计的，尤其偏重于从形式上注意与建筑的室内外协调（见图2-58）。

a）

b）

图2-58 赖特设计作品

埃罗·沙里宁（Eero Saarinen，1910—1961），生于芬兰，1923年移民美国，是美国著名建筑设计师和工业设计师，代表作有71号玻璃纤维增强塑料模压椅、胎椅、郁金香椅等（见图2-59），这些作品都体现出有机的自由形态，而不是刻板、冰冷的几何形，被称为有机现代主义的代表作，成了工业设计史上的典范，至今仍广为流传和使用。

查尔斯（Charles，1907—1978）和蕾·伊默斯（Ray Eames 1912—1988），是20世纪美国最有影响力的设计师，是建筑、家具和工业设计等现代设计领域的先锋设计师。他们卓越的设计涵盖了家具、建筑、影像与平面设计。他们协力将家具设计带起一股新风潮，强调雅致简洁、兼顾功能性的造型美感（见图2-60）。

2.3.3.3 意大利家具

意大利现代家具的成功是在不懈努力中逐渐积累起来的。1928年创刊的意大利最著名的建筑、设计杂志《DOWUS》，为协调现代风格、交流设计思想提供了阵地。二战时，意大利住宅和家具设计发展缓慢，二战后建筑师投入了住宅重建和设计新家具工作之中，使得一大批精美的设计问世。意大利的设计显示出强烈的个性和优美的形体，开创了一种新的美学

a）　　b）

图 2-59　沙里宁设计作品

a）胎椅　b）郁金香椅

a）　　b）　　c）

图 2-60　伊默斯设计作品

途径，被称作“意大利路线”。

意大利式家具（见图 2-61）历来以质量上乘、造型新颖与风格独特而享誉世界，以新

a）　　b）

图 2-61　意大利现代家具

材料、新工艺为基点，不过分注重细节，而是在不断开发新形式上下功夫，设计师认为形式基于功能，美观生于实用，在家具设计上表现出强烈的个性化特征。“设计引导生产”是意大利独特的生产方式，设计的作用被给予了足够的重视，因此意大利的家具成为世界杰出家具的代表。

2.3.3.4 日本家具

日本的家具业在一种自然的状态下发展，对其他国家和地区的先进经验和技术兼容并包，并不断创新，同时重视教育和人才培养。20 世纪 60 年代日本开始建立室内设计和家具设计专业，有了专业设计队伍，并在高等教育中开设室内设计和家具设计专业。战后日本既注重技术质量，又注重人才开发，为其高速发展打下了坚实的基础。由于重视教育和人才培养，日本家具业出现繁荣景象，出现了柳宗理（作品见图 2-62）、喜多俊之（作品见图 2-63）等一批家具设计大师。

a）　b）　c）

d）　e）

图 2-62　柳宗理设计作品

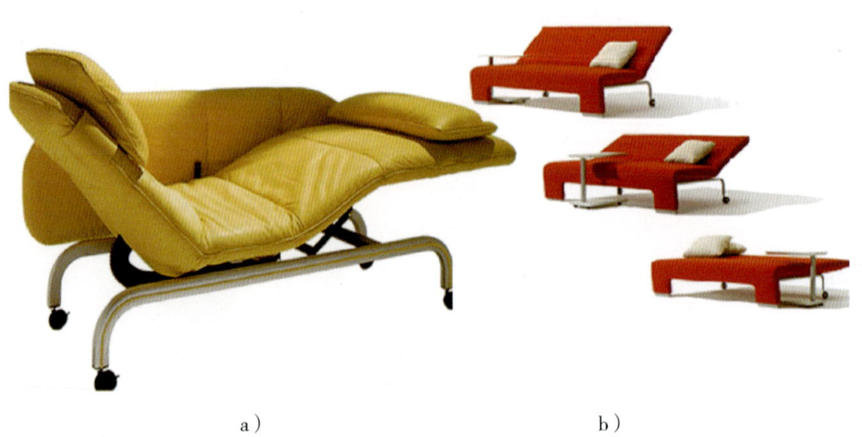

a）　b）

图 2-63　喜多俊之设计作品

2.4 家具分类

2.4.1 按基本功能分类

根据人与物以及物与物的关系，按人类工效学的原理，对家具分为：

（1）人体家具：以椅、凳、沙发、床等为主的支撑类家具，与人体接触关系密切。

（2）准人体家具：部分与人体有关，部分与物有关，如桌、台等，具有陈放或储藏功能。

（3）储存家具：处理的主要是物与物的关系，其次是人与物的关系。

（4）装饰家具：指陈列展示用的柜架类家具，主要起装饰与陈设物品的作用。

2.4.2 按材料分类

根据制作家具所使用的主体材料对家具进行分类，主要包括以下几种。

（1）实木家具：由天然木材制作而成，把木材经过锯、刨等切削加工，高档实木家具还要经过浮雕、透雕等艺术装饰加工，采用各种榫卯框架结构制成的家具。

（2）木质家具：主要由木材与胶合板、刨花板、中密度纤维板、细木工板等木质人造板构成。

（3）竹藤家具：由竹材、藤材构成，多为椅子、沙发等，具有造型轻巧而又独具材料编织纹理的天然美感。

（4）金属家具：由铸铁、铝合金、不锈钢、铜等各种金属材料构成。越来越多的现代家具采用金属构造的部件和零件，再结合木材、塑料、玻璃等组合成灵巧优美、坚固耐用、便于拆装、安全防火的现代家具。

（5）塑料家具：塑料制成的家具具有天然材料家具无法替代的优点，尤其是整体成型自成一体，色彩丰富，防水防锈，是公共建筑、室外家具的首选材料。塑料家具除了整体成型外，还可制成家具部件，与金属、玻璃等组装成家具。

（6）玻璃家具：玻璃是一种晶莹剔透的人造材料，具有平滑、光洁、透明的独特材质美感，现代家具的一个流行趋势就是把木材、铝合金、不锈钢与玻璃相结合，极大地增强了家具的装饰观赏价值，各具不同装饰效果的玻璃大量应用于现代家具，尤其是在陈列性、展示性家具以及承重不大的餐桌、茶几上等。

（7）石材家具：以大理石、花岗岩或人造石材为主，多用于餐桌、茶几的面板，厨房，以及公园、居民小区等户外场所。

2.4.3 按使用场所分类

根据典型的社会生活、工作、学习、休息场所对使用的家具进行分类，主要包括以下几种。

（1）民用家具：供家庭使用，包括门厅与玄关、客厅、卧室、书房、厨房、餐厅、儿童房家具等，是人类日常基本生活离不开的家具，也是类型繁多、品种复杂的基本家具类型。

（2）办公家具：供办公场所使用。现代办公家具主要有：大班台、办公桌、会议台、隔断、接待台屏风、电脑台、办公椅、文件柜、资料架、底柜、高柜、吊柜等单体家具和标准部件组合，可以按照单体设计、单元设计、组合设计、整体建筑配套设计等方式构成开放、互动、高效、多功能、自动化、智能化的现代办公空间。

（3）酒店家具：按酒店的不同功能分区，酒店家具主要有：公共空间包括大堂家具，其中有沙发、座椅、茶几、接待台；餐饮部分的家具包括餐台餐椅、（中餐、西餐）吧台、咖啡桌椅等；客房部分的家具有床、床屏靠板、床头柜、沙发、茶几、行李架、书桌、座椅、化妆台、壁柜、衣柜等，随着酒店星级的不同，对家具档次、造型的要求不同，尤其是不同国家、地区、民族的传统文化与民俗风情也会以文化元素符号的形式在酒店家具设计中表现出来。

（4）公共建筑家具：礼堂、报告厅、影剧院、候车室等公共场所使用的家具，其特点是结构简单、使用者不固定、不易搬动。

（5）商业家具：供商场、超市、专卖店等商业场所使用的家具，主要包括商品陈列柜、陈列架、展示台、展示橱窗、展示挂架、收款台、接待台、屏风、展台、展柜板、组合式展示家具等。由于商业展示内容的丰富多彩，商业展示家具的设计与制作也与特定的展示商品和内容一致，同时人体工学是商业展示家具在造型尺度、视觉、触觉方面设计的主要依据。

（6）学校家具：主要有教学家具和生活家具两大类。教学家具主要有课桌、椅凳、黑板、讲台、计算机台，以及阶梯教室家具，图书馆、阅览室家具，音乐教学、美术教学专用家具，各种实验室、生产实习、计算机教学、语言教学专用家具等各种专业教学用的家具。生活家具主要是学生宿舍、公寓家具和食堂餐厅家具。

（7）户外家具：主要类型有躺椅、靠椅、长椅、桌、几台、架等。在材料上多用耐腐蚀、防水、防锈、防晒、质地牢固的不锈钢、铝材、铸铁、硬木、竹藤、石材、陶瓷、塑料等。在造型与色彩上注重与环境的协调，具有观赏和实用的两大功能。

2.4.4 按家具的结构特征分类

根据家具的接合方式和结构特征，对家具进行分类，主要包括以下几种。

（1）框架式家具：以榫卯结构为主要特点，通过榫卯接合成承重框架，板件装于框架内，仅起围合作用。

（2）板式家具：用人造板构成板式部件，通过各种五金连接件或圆棒榫将板件接合装配在一起，大多是可拆装结构。

（3）曲木家具：将木材或人造板等零件经软化、弯曲、定型而成，具有形态轻盈、线条流畅的特点。曲木部件包括实木弯曲部件和多层胶合弯曲部件。

（4）软件家具：主要部件一般采用海绵、织物、弹簧等弹性材料和软质材料制成的家具，主要包括沙发、床等。

（5）壳体家具：以塑料、胶合板等为材料，经模压、浇注或其他工艺加工而成的薄壳零件或与其他零件组装而成，具有结构单一、重量轻、形体独特等特点。

（6）悬浮家具：用塑料等材料制成内囊，再充水或充气而成，具有使用舒适、造型独特、色彩艳丽等特点。

本章小结

本章主要包括中国传统家具的发展演变，明清家具的艺术特色，外国古典家具的发展过程，以及有代表性家具风格；近现代家具的发展成熟，以及家具设计大师的经典作品；家具分类的方法，以及按照不同的方式分类的家具的主要类型。

思考题与习题

1. 明、清家具的主要品种及艺术特色是什么？
2. 简述英、法等国古典家具的艺术风格。
3. 简述家具分类的方法，以及不同分类方法下家具的主要类型。

第3章　家具材料与配件

学习目标：

1. 熟悉家具主、辅材料和五金件的种类、性能。
2. 了解各种家具材料和配件的具体应用。

学习重点：

1. 家具设计中各种材料和配件的性能。
2. 家具设计中各种材料和配件的应用。

学习建议：

理解并运用所学知识，掌握家具设计时材料的选择。

材料是构成家具的基本要素，在家具的整个生命周期中，即从原材料到家具，再到家具废弃物或是重新作为其他产品的原材料，其实就是材料的获取、制备、生产、使用、废弃、处理及再利用的过程。传统家具用材比较单一，而现代家具在结构和工艺上有所改变，在材料上已经趋向于多种材质的组合，传统意义的单一材质家具已经日益减少，更多选用细木工板、胶合板、中密度纤维板等多种人造板及其他新型材料。随着科技的发展，新的家具材料还会不断地被开发出来，使得家具发展的前景更加广阔。

3.1　主要材料

3.1.1　木材与竹藤

1. 木材

木材在家具的成长过程中一直都扮演着一个十分重要的角色，从古至今，木材都是家具的传统原材料，这其中最主要原因是因为木材本身有许多优点。

（1）良好的视觉特性。木材花纹是天然形成的多种自然美丽的图案，给人以动感，并且人类对其有一种自然的亲切感。木材能吸收紫外线，可减轻紫外线对人体的辐射危害，同时反射红外线，给人带来温暖感。

（2）优良的物理力学性能。木材是质轻、高强的材料，具有良好的绝热、吸声、吸湿和绝缘性能；同时，木材与钢铁、石材相比，具有一定的弹性，可以缓和冲击力，提高人们居住的安全性和舒适性。

（3）良好的加工性。木材加工容易，是加工能耗最低的材料。采伐后的木材可以直接加工使用，也可仅用简单的工具与较低的技术进行加工。可以方便地进行锯、切、刨、钉等机械加工和粘、贴、涂、烙、雕等装饰加工。

（4）绿色环保。木材是当今四大材料（钢材、水泥、木材和塑料）中惟一可再生的、又可以多次使用和循环使用的生物资源。

基于以上优点，木材一直是古今中外家具设计的首选材料，但木材也具有缺点，比如，容易干缩湿胀和变形开裂；易受木腐菌、昆虫或海生钻木动物的危害而变色、腐朽或蛀蚀；易燃；具有天然缺陷，如节、油眼、斜纹理、应压木、应拉木等；不像金属易于制成宽大的板材。不过，木材的这些缺点可以通过合理的干燥、加工、防腐、滞火处理，以及必要的营林培育措施，避免不利因素或将其减低至最小限度，也可以通过加工制成胶合板、纤维板、刨花板、层积木、塑料贴面板等进行改善。

木材按树种，可分为针叶材和阔叶材。针叶树树干通直而高大，材质均匀，木质较软而易于加工，表现为密度和胀缩变形较小，耐腐蚀性强，在室内工程中主要用于隐蔽部分的承重构造，常用树种有松木、柏木、杉木等。阔叶树树干通直部分一般较短，材质硬且重，强度较大，纹理自然美观，是室内装修工程及家具制造的主要饰面用材，常用树种有水曲柳、胡桃木、樱桃木、橡木、枫木、榉木、柚木等（见图 3-1）。

a）　b）　c）　d）　e）

f）　g）　h）　i）　j）

图 3-1　家具常用木材

a）松木　b）柏木　c）杉木　d）水曲柳　e）胡桃木　f）樱桃木　g）橡木　h）枫木　i）榉木　j）柚木

2. 竹材

竹类植物具有生长快、再生能力强、生产周期短的物种优势。竹材纹理通直、色泽淡雅、材质坚韧、资源丰富，是一种可持续发展的材料资源。竹子作为可持续利用的资源，在保护生态环境和提供加工利用原料方面都起到非常大的作用，特别是在拥有丰富竹资源的我国，竹子在发展经济和改善人们生活品质方面的作用越来越明显。在全球木材资源逐渐缺乏，环保呼声愈来愈强的今天，竹质家具被崇尚环保的人们视为时尚家居的新选择。

目前的新型竹材家具具有以下几个特性：一是冬暖夏凉，由于竹子的天然特性，其吸湿吸热性能高于木材，所以炎热夏季坐在上面清凉吸汗，冬天则有温暖感受；二是有利于环保，竹子一般 3～4 年就可成材，且砍伐后还能再生，对于环境恶化和天然林存量甚低的我国来说，不失为一种替代木材的优质材料；三是粘接上使用了特种胶，避免了甲醛对人体的危害，有益于身心健康（见图 3-2）。

a)　　　　b)

图 3-2　竹椅

竹材集成材家具是把原竹先加工成小料（竹条），通过组坯胶合成竹材集成材的板材，再进行锯裁、刨削、镂铣、开槽、钻孔、砂光、装配、表面装饰等加工而成。要把竹材集成材家具作为绿色产业来发展，首先要求生产竹材集成材使用的胶粘剂中的游离甲醛达到环保标准，其次在竹材防虫腐处理时所使用的处理药剂要符合环保要求。这样制成的全竹家具不仅在强度、使用功能上毫不逊色于全木家具，而且其特殊材质结构使人倍感温馨和自然。由于竹材优良的天然特性，使用竹材集成材制作的家具有着独特的性能：一是竹材表面光滑，有很好的质感，并且结实耐用；二是竹质家具在制造过程中，主要利用竹材的韧性进行加工，只是少量地使用对人体无害的特种胶，对人的健康无害（图 3-3）。

a)　　　　b)

图 3-3　竹材集成材及竹材集成材家具

a）竹材集成材　b）竹材集成材家具

3. 藤材

藤是一种密实坚固又轻巧坚韧的天然材料，具有不怕挤压、柔顺又有弹性的特性。用于编织藤制家具的藤材主要来自竹藤、白藤和赤藤。竹藤又名玛瑙藤，价格昂贵，原产于印尼和马来西亚，它不但表面美观，还具有高度的防水性能；其组织结构密实，极富弹性，不易爆裂，所以经久耐用。赤藤产量多，价格低廉，一般用来制藤架子、藤饰器等级别较低的藤器。

过去的藤器给人的印象往往是表面粗糙而且易受虫蛀，不易久存，因而在市场上曾受到冷落，然而随着制作工艺技术的提高，现在的藤材家具已克服了这些缺点。对藤材进行精细加工后，还要经过紫外线照射消毒、蒸汽高温处理。用机器把藤原料拉成一定长短和粗细的规格，使制成的家具表面细腻、光洁，并且具有防霉、防蛀和卫生的特点。其设计造型在原有的基础上也有了很大改进，有不少已成为价值很高的工艺品。藤材家具吸湿、吸热、防虫蛀，不轻易变形、开裂、脱胶等，各种物理性能都相当于或超过中高档硬杂木。用藤材制成的家具无论其产品本身还是生产过程都符合环保要求，是当之无愧的绿色家具。藤材家具造型别致、色泽天然，集观赏和实用于一体，给富有现代情调的人们带来了不同的感受（见图 3-4）。

a）　　　　b）

图 3-4　藤条及藤材家具

3.1.2　人造板

由于滥砍滥伐，全世界的木材蓄积量已远远不能满足人类的需求，于是出现了替代木材的各种人造板。人造板具有加工工艺简单、生产量高的特点，而且便于家具生产的标准化、机械化，从而使人造板在众多的家具材料中占有重要地位。人造板的主要品种有纤维板、刨花板、胶合板、细木工板等。

1. 纤维板

以木质纤维或其他植物纤维为原料，经过纤维分离，施加脲醛树脂或其他适用的胶粘剂而后铺装、热压制成的板材（见图 3-5）。其中，中密度纤维板的表面平整光滑、结构均匀细密、尺寸稳定；加工性能好，可以进行锯、刨、起槽、钻孔、雕刻等加工，因此，它在家具中的应用十分广泛；但纤维板的缺点是吸水厚度膨胀率较大，家具易产生变形；另外纤维板的用胶量比较大，在使用中游离甲醛的释放量较高，对室内空气环境的影响较大。

2. 刨花板

刨花板是利用一定规格、形态的刨花材料，施加（或不施加）胶料和辅料压制成的板材（见图3-6）。由于刨花板有表面平整、可装饰性强、静曲强度和内结合强度都较高、加工性能优良、翘曲变形小、尺寸稳定性好等优点，因此它在各种民用家具和办公家具中被大量使用，如各种橱柜、写字台、书架等。它的缺点是吸水厚度膨胀率大，产品的重量大，且握钉力较低，不宜进行多次拆装。

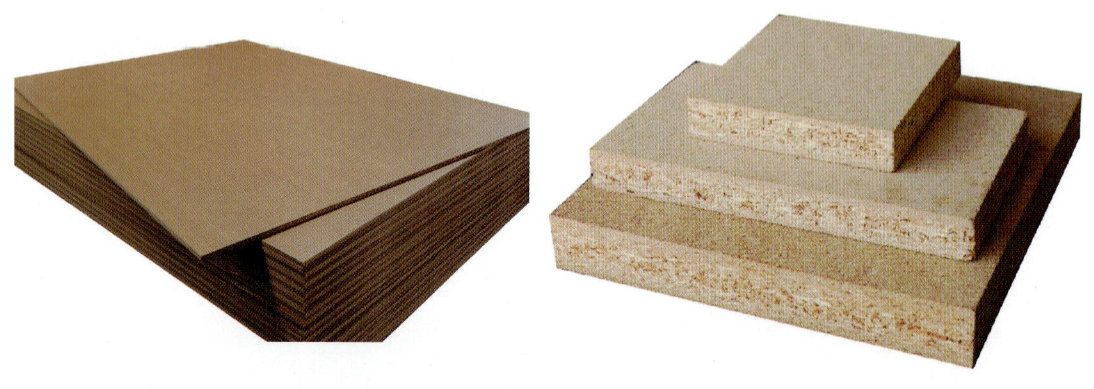

图3-5　纤维板　　图3-6　刨花板

3. 胶合板

由三层或多层薄木（通常用奇数层单板）通过胶粘剂胶合而成的相邻层单板的纤维方向互相垂直的板材（见图3-7）。在家具中主要使用的是普通胶合板，它具有强度较高、耐久性较好的特点。另外，胶合板具有较高的硬度和耐冲击性，垂直于板面的握钉力较高。胶合板的缺点是单板的加工受原料的限制大，产品易出现鼓泡、翘曲、边角开胶等问题，影响家具质量。

图3-7　胶合板

4. 其他人造板材

在家具生产中，除了以上几种常用的人造板外，还有细木工板（见图3-8）和空心板等。细木工板是由木条组成实木板状或方格板状的板芯，在表面粘贴与板芯纹理垂直或平行的单板所构成的材料。细木工板对原材料的要求较低，生产工艺简单；表面平整，并具有天然木纹，尺寸稳定性好。由于这些优点，细木工板在家具工业中得到广泛应用，如在板式家具中的大衣柜、酒柜，书柜中的台面、柜面，桌面中普遍使用。空心板是由蜂窝纸、薄板条等构成各种形状的空心结构，两面各覆胶合板或其他的覆面材料而组成的一种空心板材。它最大的特点是质轻、密度小，一般只有0.28~0.3g/m³，而且强度能满足一般家具的要求。空心板包括蜂窝状空心板、方格空心板、木条空心板、波纹状空心板以及聚苯乙烯泡沫空心板等。

a)　　b)

图3-8　细木工板

3.1.3　其他材料

1. 塑料

塑料是对20世纪家具设计和造型影响最大的材料。塑料具有轻便、防水防锈、抛光度高、整体成型等优点。以塑料制成的家具也就具有天然材料无法替代的独特优势（见图3-9）。

图3-9　塑料家具

（1）色彩鲜艳：其鲜明的视觉效果给人带来视觉上的舒适感受，与其他家具巧妙搭配，可以起到美化居室的作用。

（2）线型流畅：塑料的可塑性极强，同时，由于塑料家具都是由模具加工成型的，所以具有线型流畅的显著特点，每一个圆角、弧线、网格和接口处都自然流畅、毫无手工的痕迹。

（3）轻便小巧、便于运输：与普通的家具相比，塑料家具给人以轻便的感觉，不需要花费很大的力气，就可以轻易地移动它，而且即使是内部有金属支架的塑料家具，其支架一般也是空心的或者直径很小。另外，许多塑料家具都有可以折叠的功能，既节省空间，又方便使用。

（4）便于清洁和易于保护：塑料家具可以直接用水清洗，简单方便。另外，塑料家具也比较容易保护，对室内温度、湿度的要求相对比较低，可以广泛地适用于各种环境。

（5）品种多样、适用面广：塑料家具既适用于公共场所，也可以用于一般家庭。

（6）批量生产、回收利用：可批量生产且价格便宜，还可回收使用，能最大限度地减少对环境的污染。这一点对于重视环境保护与生存质量的现代人来说，无疑是一大优势，因此越来越受到家具设计者与制造者的重视。

2. 皮革

皮革具有柔软、富有弹性、坚韧、耐磨、吸汗等特性，是容易保养的家具材质（见图3-10）。许多家具都用皮革做面，如沙发、椅子等。皮革可分为天然皮革和人造皮革两大类。

天然皮革主要指各种动物皮经过加工而成，如猪皮、牛皮、羊皮等。天然皮革因皮种不同、选用部位不同及处理方式的差别，使得皮制品所呈现的触感不一，可能轻软，也可能厚实且坚韧，是可塑性很高的材料。目前，家具中所用的天然皮革以牛皮为主，它的外观要求纹路细致、均匀，色泽均匀，表面没划伤、龟裂，它的抗张力、撕裂强度均比人造皮革好。缺点是外观花纹不均匀，特别是小牛皮，也有少量疤痕存在，缺陷周边的皮的弹性较差。

人造皮革，俗称仿皮，其外观花纹很多，一般要求与天然皮革一致。人造皮革本质上是高分子塑料 PVC、PE、PU 等吹膜成型并经过表面喷涂各种色浆而成的。用于制作家具的人造皮革注重手感，应平滑、柔软、有弹性、无异味。

3. 织物

织物具有色彩鲜艳、图案丰富、质地柔软、富有弹性等特点，是现代家具装饰常用的材料之一（见图3-11）。织物的色彩、质地、柔软性及弹性等特性会对室内的质感、色彩及整体装饰效果产生直接影响。合理选用织物，既可以使室内呈现豪华气派，又给人以柔软舒适的感觉。此外，织物还具有保温、隔声、防潮、防蛀、易清洗和熨烫等特点。家具产品中选用的织物根据所用原料不同分为两大类：人造织物和天然织物，一般人造织物居多。

图3-10　皮椅

图3-11　布艺沙发

天然织物有棉、麻、羊毛、石棉纤维等，而适合家具中使用的只有棉、麻两大类，天然织物的特点是环保、保温性好、耐磨性好、棉麻耐碱性好，但也存在缺陷，如麻的耐酸性差，毛的耐光性差。

人造织物有人造棉、人造毛、海绵、化纤布（涤纶、腈纶、锦纶等）等，现在不仅广泛用于中低档家具，在高档家具中也运用较多。如海绵用于椅凳、沙发的坐垫、靠背的填充物，也有少量扶手用海绵填充。海绵弹性硬度可调整，根据产品不同部位进行调整。一般坐垫硬度较高，密度较大，靠背次之，枕垫再次之。化纤布主要用作椅凳、沙发等坐垫、靠背的外包覆材料，不同的化纤布适应不同的场合，如耐光性好的腈纶、维纶，适应室外环境，可做沙滩椅，而耐磨性好的氯纶、丙纶、涤沦等，适合作为室内的椅凳、沙发等与人接触最多的家具包覆材料。

4. 金属

金属为工业材料，抗拉强度、抗剪强度、弹性、韧性等机械性能远优于木材，光洁度高、可塑性强、易加工、坚固耐用、表现力强，这些特质是其他材料无法比拟的。金属不仅丰富了现代家具设计中表现的可能性，也体现了一定工业生产力度，使金属家具成为推广最快的现代家具之一。在家具设计中，可采用薄壁管材、线材、薄板材等设计制造纤巧轻盈，明快精炼，可拆装、折叠、组合的金属家具。目前，不锈钢、铝合金等金属材料被广泛应用，这些材料加工方便、材质轻、不易变形、硬度高、耐腐蚀、防火性能好、便于运输和装卸，受到了当代设计者的喜爱（见图 3-12）。

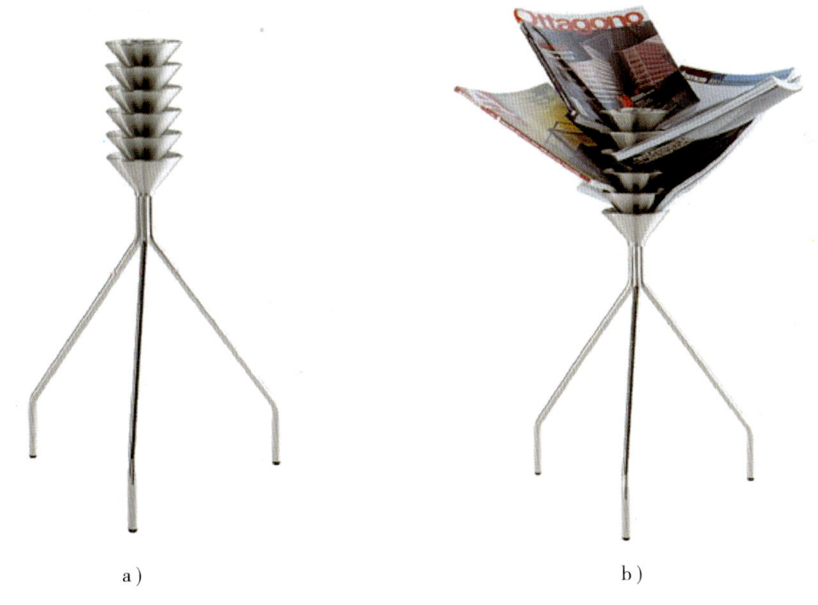

a） b）

图 3-12　不锈钢书架

5. 玻璃

玻璃晶莹、璀璨、玲珑透剔，具有优良的机械力学性能和热工性质，是近年开发的新型家具材料。随着玻璃品种、性能、生产工艺的不断提高，开辟了玻璃在现代家具上应用的新途径，具有高度装饰性和多种适用性的玻璃新品种不断出现，为家具设计提供了更大的选择性。除了常用的平板玻璃外，还有磨砂玻璃、彩色玻璃、彩绘玻璃和镀膜玻璃等各具不同装饰效果的装饰玻璃。由于玻璃的透明性质，现代家具设计的一个趋势就是把木材、金属和玻璃相结合，极大地增强了家具的装饰观赏价值（见图 3-13）。

6. 石材

石材作为结构材料，具有较高的强度、硬度和耐磨、耐久等优良性能；而且，石材经表面处理可以获得优良的装饰性，有保护和装饰的作用。

家具装饰用石材有天然石材和人造石材两大类，并以天然石材为主。天然石材是一种高级的装饰材料，主要用于档次较高的家具，人造石材属于较低档次的装饰材料，只用于中、低档的家具中。石材主要用来制成各类家具的台面，如厨房的石材台面等（见图 3-14）。

图 3-13　玻璃家具

图 3-14　厨柜的石材台面

天然石材是指从天然岩体中开采出来的，并经加工成块状或板状材料的总称。家具装饰用的天然石材主要有花岗石和大理石两种。

人造石材是一种人工合成的装饰材料。按照所用粘结剂不同，可分为有机类人造石材和无机类人造石材两类。按其生产工艺过程的不同，又可分为聚酯型人造大理石、复合型人造大理石、硅酸盐型人造大理石、烧结型人造大理石四种类型。四种人造石材中，以有机类（聚酯型）最常用，其物理、化学性能亦最好。

3.2　辅助材料

3.2.1　胶粘剂

胶粘剂又称粘合剂，俗称胶，是能使两个物体表面粘合在一起的物质。家具工业中使用的胶粘剂按其形态主要可以分为以下几种：水溶型、乳液型、有机溶剂型、粉状型、胶膜型等。按其应用方法可分为：室温固化型、热固型、热熔型、压敏型、再湿型等。按其耐水性能可分为：高度耐水胶、耐水胶和非耐水胶等。施胶的方式有辊涂、喷涂、铺膜等。胶粘剂的多品种、多形态和多种施胶方法，可以满足木材加工和家具生产中多种工艺的要求，这是钉接、榫接等无法相比的，尤其是在家具的设计和生产中，可以通过胶粘剂把木材和塑料、金属等进行胶接，给造型的多样化提供了保障。

1. 天然胶粘剂

天然胶粘剂是人类最早利用的胶粘剂，从浆糊到骨胶、生漆等，至今仍在使用。例如，动物胶的优点是对木材、纸张等附着力好，胶合强度高，调制方便，胶层弹性好，对刀具磨损小，因此，应用在乐器和红木家具中。

2. 合成树脂胶粘剂

由于原料规模的限制，天然胶粘剂不能满足大规模家具生产的需要。随着合成树脂工业的飞速发展，合成树脂胶粘剂取代了大部分天然胶粘剂。

3. 聚醋酸乙烯酯乳液胶粘剂

聚醋酸乙烯酯乳液胶粘剂是外观呈乳白色的粘稠液体，俗称乳白胶。它对纤维类材料和多孔性材料粘接良好，但耐水性较差，不宜在室外使用。可用于木材、纸张、皮革、棉毛织物和泡沫塑料等的粘合。

4. 酚醛树脂胶粘剂

酚醛树脂胶粘剂是外观呈棕黑色的粘稠液体，它的耐水性、耐热性、耐气候老化性都很好，用它制作的胶合板和木制品可用于室外及潮湿的地方。

5. 脲醛树脂胶粘剂

脲醛树脂胶粘剂是外观呈微黄色透明或半透明的粘稠液体，带有甲醛的气味。它大量用于胶合板、刨花板、纤维板、细木工板等木质人造板的生产，是我国木质人造板生产中使用量最大的胶粘剂。用这种胶粘剂制作的人造板耐水性、耐热性不如使用酚醛树脂胶粘剂的人造板，但好于动物胶和乳白胶，可用于室内家具的粘接和薄木贴面。

6. 三聚氰胺树脂胶粘剂

三聚氰胺树脂胶粘剂是外观呈无色透明的粘稠液体。它的耐水性、耐热性、耐老化性及耐磨性均优于酚醛树脂胶粘剂和脲醛树脂胶粘剂，且胶层透明度高，但价格较贵，主要用于人造板直接贴面和家具装饰板（三聚氰胺树脂装饰板）等。

7. 环氧树脂胶粘剂

环氧树脂胶粘剂是外观呈白色或粉色的膏状粘稠体。它是一类胶合强度很高，综合抗耐性很好的胶粘剂，对大部分金属、非金属材料都有很强的粘接强度，常被称做“万能胶”。它可用于粘接金属材料，也可用于粘接陶瓷、玻璃、木材、硬塑料、木材和石材等。

3.2.2 涂料

涂料俗称“油漆”，是一种能牢固覆盖在物体表面，起保护、装饰、标志和其他特殊用途的化学混合物。涂料与其他饰面材料相比，具有质轻、色彩鲜艳、附着力强、施工简便、省工省料、维修方便、质感丰富、价廉质好以及耐水、耐污染、耐老化等特点。

涂料通常由基料（树脂、粘接剂）、颜料、填料、溶剂和少量功能性添加剂等组成。涂料的种类很多，国内有上千种涂料，性能各异。常用的家具涂料有油脂涂料、天然漆、酚醛树脂涂料（PF）、硝基涂料（NC），酸固化涂料（AC），不饱和聚酯涂料（PE），聚氨酯树脂涂料（PU），紫外光固化涂料（UV），水性涂料（Water）等。

1. 油脂涂料

仅以油作为主要成膜物质的涂料，称为油脂涂料。这是一类原始涂料，使用时间最长，现在民间应用相当广泛，如清油、油性调和漆等。

2. 天然漆

天然漆俗称大漆，是我国著名特产，故又有“国漆”之称。从漆树上采割下来的汁液称为毛生漆或原桶漆，用白布滤去杂质的称为生漆。将生漆进行各种改性处理，便可制得各种改性天然漆。

3. 硝基涂料

硝基涂料又名腊克漆，是一种挥发性漆，靠溶剂的挥发而干燥成漆膜。漆膜坚硬，打磨、抛光性好，当涂层达到一定的厚度，经研磨、抛光后可获得很高的光泽；漆膜丰满，色彩鲜艳，平滑、细腻，手感好，装饰性很高。硝基涂料用于木器家具的面层罩光，它具有其他漆种所不能比拟的优点，如快干、快硬、光泽柔和、手感好、施工方便、成本较低等，特别是硝基特清面涂料，色泽浅，丰满度好，流平性佳，最适用于浅色木材涂装。

4. 不饱和聚酯涂料

不饱和聚酯涂料是独具特点的高级涂料，它属于无溶剂型漆，即涂饰后的成膜过程中没有溶剂挥发的油漆。可得到较厚的漆膜，可以减少涂刷次数，提高工效，漆膜丰满、光亮，同时对环境污染也很小。漆膜综合性能优异，坚硬耐磨，丰富度高，耐湿热、干热、酸碱油、溶剂以及多种化学药品，绝缘性很高。清漆色浅，透明度、光泽度高，保光保色性能好，具有很好的保护性和装饰性。但缺点是一般为多组分，调配较麻烦。

5. 聚氨酯树脂涂料

聚氨酯树脂涂料的漆膜耐热、耐水、耐化学品，耐酸、碱、盐和溶剂，具有良好的物理机械修理性能，坚硬耐磨。其突出优点是：可以在 40～120℃的温度条件下正常使用；对各种物面的附着力良好，对木材附着力更好，宜作木材的封闭底漆；漆膜丰满度好，平滑、光洁，具有很好的装饰性、广泛用于高级木制品的涂饰；可与各种颜料混合制成质地优良的油漆，钢琴表面的涂饰经常使用这种漆，故又称“钢琴漆”。缺点是保光保色性差，易泛黄，不宜制作浅色漆；漆膜损坏后修复困难。

6. 紫外光固化涂料

紫外光固化涂料是近年来新兴的一种涂料品种。紫外光固化是指以紫外线为能源诱导反应性的液体物料 100% 快速转变成固体的过程。与一般固化方法相比，紫外光固化有下列优点：①固化快，可在几秒内固化，可以应用于要求立刻固化的场合；②不需要加热，这对于某些不能耐热的塑料、光学、电子零件来说十分有用；③可配成无溶剂产品，减少大气污染，有利于环保；④节省能量，紫外光源的效率要高于烘箱；⑤固化过程可以自动化操作，提高生产中的自动化程度，从而提高生产效率和经济效益。因此，紫外光固化涂料是具有节能环保、涂层性能优异、生产效率高等独特优点的绿色涂料。

除了上述优点之外，紫外光固化不可避免地存在一些缺点，例如，紫外光固化材料受到紫外光穿透能力的限制，在用于不透明材料的相互粘接及形状复杂物体的表面涂层时效果不好，只适用于由透明增强材料与透明树脂构成的复合材料，如玻璃纤维增强树脂基复合材料。

7. 水性涂料

水性涂料是以水做稀释剂，以水溶性树脂或不同类型的分散树脂为基料制成的涂料，具有无毒无刺激气味，对人体无害，不污染环境，漆膜丰满、晶莹透亮、柔韧性好并且具有耐水、耐磨、耐老化、耐黄变、干燥快、使用方便等特点。

3.2.3 覆面材料

现代家具较传统木制家具有了长足的发展，材料种类有了较大变化，除采用纯木材料外，各种人造复合材料不断涌现。其中覆面材料主要有纯木单板覆面材料（木皮）、仿各种木纹的木纹纸覆面材料、三聚氰氨浸渍纸覆面材料、PVC 薄膜覆面材料、各种防火板覆面材料、各种饰面板覆面材料等。

3.2.4 封边材料

封边是现代家具部件边部常用的一种加工方法，主要是板式家具板边的装饰工艺。用封边材料粘贴板边，既能起到一定的装饰作用，又能减少人造板产品游离甲醛散发量的问题。

现代板式家具的封边，大量采用的方法是直线封边、异形封边（软成型封边）以及后成型封边，其中最常用的还是直线封边。用作基板的封边材料只要符合片条或卷带状，具有可被粘贴的表面，能够用木工刀具进行修整或铣形加工的都可采用，如木质的、纸质的、塑料质地的、纤维质地的以及某些复合材料等。常用的有实木条、单板条、带有背衬纸的单板连续卷带、封边用浸渍纸卷带以及 PVC 卷带等（见图 3-15）。

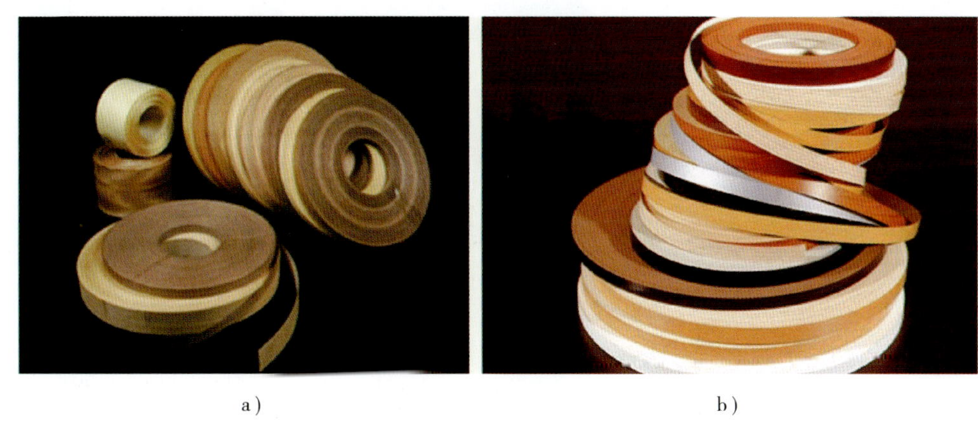

a）　　　　b）

图 3-15　封边条

3.3 家具五金件

在我国，家具五金件的应用已有几千年的历史，已经成为现代家具必不可少的重要组成部分，它是建立家具结构和体现家具功能的关键所在，是使家具产品结构简单化、部件化及功能化的决定因素。

现代家具的结构连接和各种功能，包括装饰性元素，在很大程度上取决于五金件。五金件是推动家具款式造型变化和功能提升的关键零部件。现代家具五金件的品种十分繁多，据不完全统计品种多达上万种，按照其用途可分为装饰五金件、功能五金件两大类。装饰五金件是指安装在家具外表面，兼具装饰点缀作用的五金配件。功能五金件是指连接板式家具骨架结构，实现家具中某一特定功能的家具五金配件，是板式家具中最关键的五金件。在经济全球化的今天，两者在现代设计理论的指导下，正逐步走向统一。

随着现代家具五金工业体系的形成，国际标准化组织于 1987 年颁布了 ISO8554、ISO8555 家具五金件分类标准，将家具五金件分为九类：锁、连接件、铰链、滑道、位置保持装置、高度调整装置、支承件、拉手、脚轮。

3.3.1 锁

锁是置于可启闭的器物上，用以关住某个确定的空间范围或某种器具的，必须以钥匙或暗码打开的扣件。在家具中，锁主要用来锁住门与抽屉，根据锁用于部件的不同，可分为门锁、抽屉锁、柜锁等（见图 3-16）。

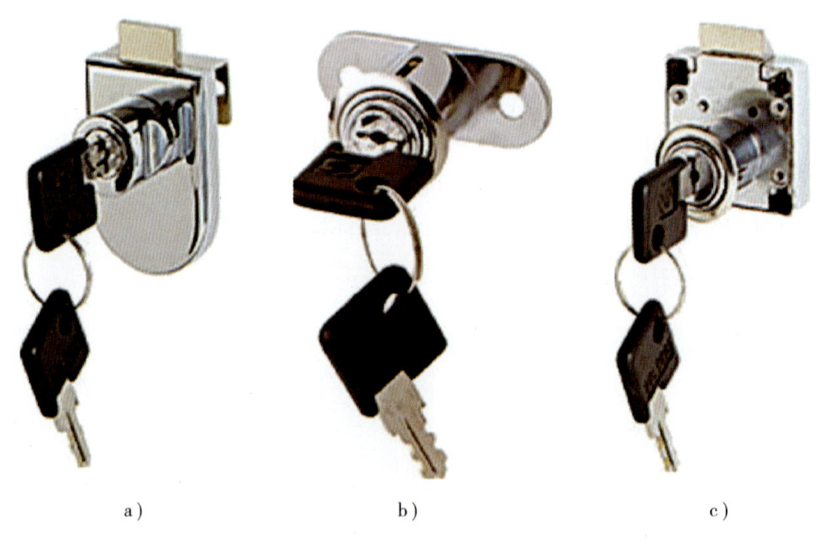

a) b) c)

图 3-16 锁

a）玻璃柜门锁 b）移门锁 c）斜口柜锁

抽屉锁根据锁头的数量可分为普通抽屉锁和联锁。联锁根据锁头、锁卡片的安装位置不同，又可分为正面联锁和侧面联锁（见图 3-17）。正面三连锁的锁头安装于柜正面板，连杆

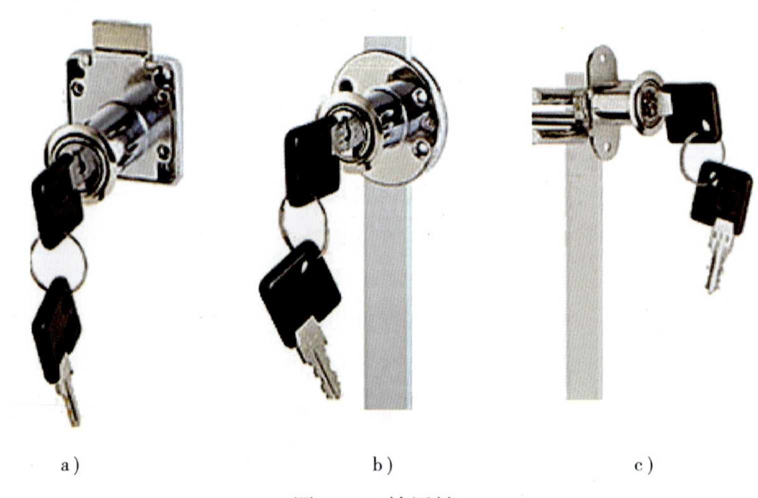

a) b) c)

图 3-17 抽屉锁

a）普通抽屉锁 b）正面三连锁 c）侧面三连锁

安装于柜侧板，锁卡片准确安装于抽屉侧板，这样只需锁头牵动连杆，即可把三个并列的抽屉锁定。侧面三联锁的锁头及连杆安装于柜侧板，锁卡片准确安装于抽屉侧板，这样，和正面三联锁的效果一样，只需锁头牵动连杆，即可把三个并列的抽屉锁定。

3.3.2 连接件

连接件是指板式部件之间、板式部件与功能部件之间、板式部件与建筑构件等家具以外的物体之间紧固连接的五金连接件，其特征是被连接的构件间不产生宏观上的位移，且各部件可拆装。连接件的品种较多，典型的品种有偏心连接件、螺钉连接件、插接式连接件等。

1. 偏心连接件

连接件一般来说，主要是考虑家具使用所需的稳固程度、板材的使用需要及家具的档次等来选用。在各类连接件中，偏心连接件较为普遍使用，它具有适合工业化、高效率生产，接合牢固，可随意、快速拆卸、自行组装，不影响原有的外观美等，主要适用于板材家具。偏心连接件主要由偏心拉紧器（偏心件）、连接杆（螺栓）和预埋件（膨胀栓）几部分组成（见图 3-18），其中连接杆有直连接杆和角连接杆。

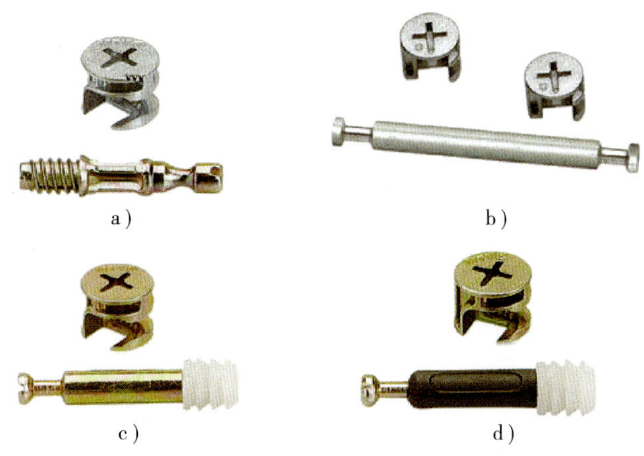

图 3-18　偏心连接件组成

2. 其他连接件

其他连接件包括接合螺丝、塑料组合螺丝等。

3.3.3 铰链

铰链（见图 3-19）的品种很多，有合页、门头铰、玻璃门铰、杯型暗铰链、专用特种铰链等，其中，最为常用且技术难度最大的为暗铰链。暗铰链分为基座和卡扣两个部分，根据卡扣的弯曲弧度分为直臂暗铰链、小曲臂暗铰链和大曲臂暗铰链三种，分别适合于全盖门、半盖门和嵌门（见图 3-20）。

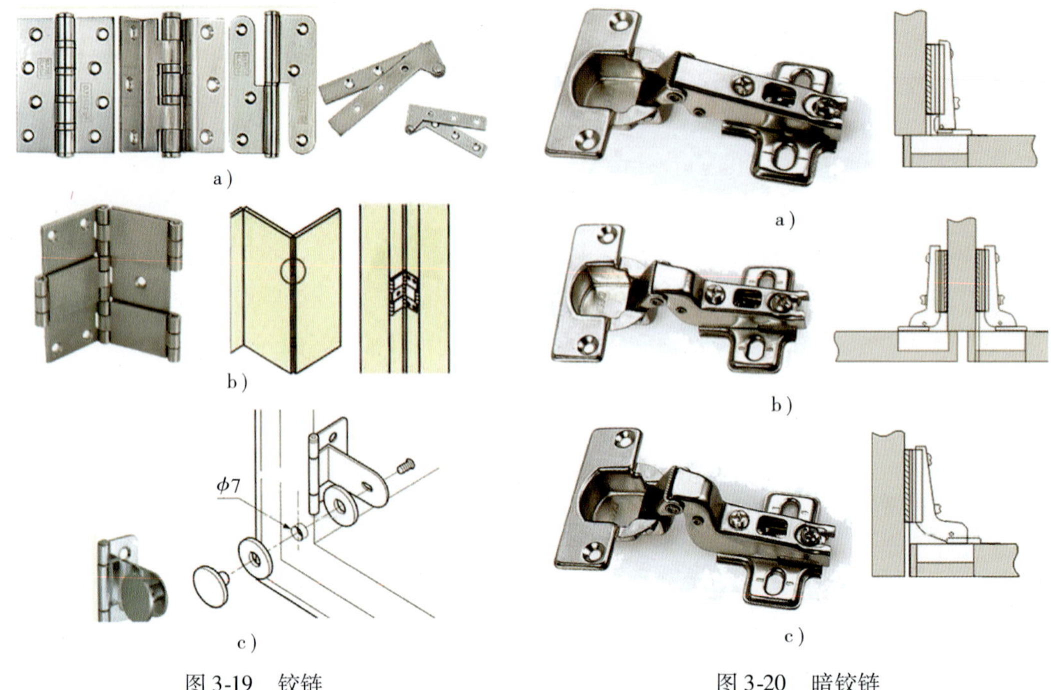

图 3-19 铰链

a）合页 b）门头铰 c）玻璃门铰

图 3-20 暗铰链

a）直臂暗铰链 b）小曲臂暗铰链 c）大曲臂暗铰链

3.3.4 滑道

最常用的为抽屉侧板滑道（见图 3-21）及门滑道（见图 3-22），此外还有电视柜、餐桌台面用的圆盘转动装置、卷帘门用的环型底路、铰链与滑道的联合装置等。

在肉眼无法看到的滑道内部，是它的轴承结构，这部分直接关系到它的承重能力。目前既有钢珠滑道，也有硅轮滑道。前者通过钢珠的滚动，自动排除滑道上的灰尘和脏物，从而保证滑道的清洁，不会因脏物进入内部而影响其滑动功能，同时钢珠可以使作用力向四周扩散，确保了抽屉水平和垂直方向的稳定性。硅轮滑道在长期使用、摩擦过程中产生的碎屑呈雪片状，并且通过滚动还可以将其带起来，同样不会影响抽屉的滑动自如。

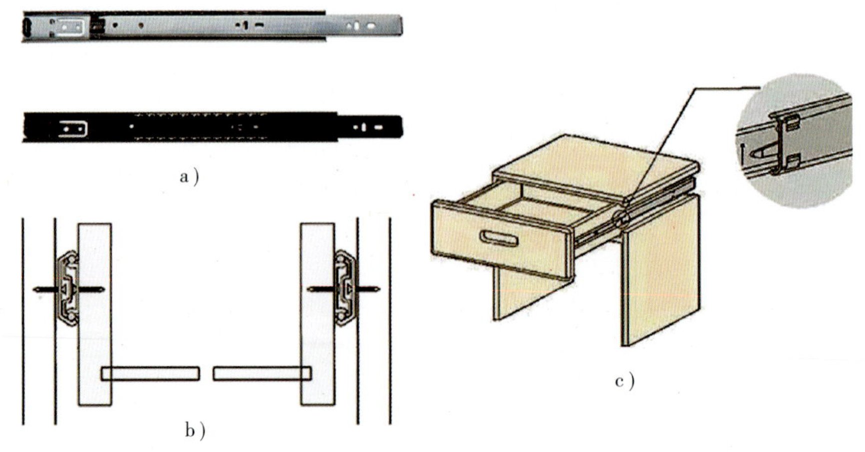

图 3-21 抽屉侧板滑道

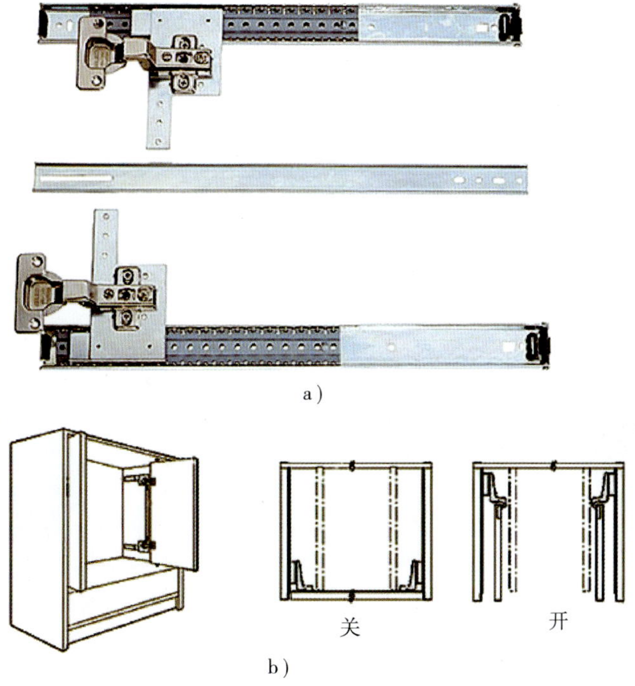

图 3-22　门滑道及安装示意图

3.3.5　位置保持装置

位置保持装置主要用于活动部件的定位，如门用磁碰（见图 3-23）、翻门用吊杆（见图 3-24）等。

1. 磁碰
2. 翻门吊杆

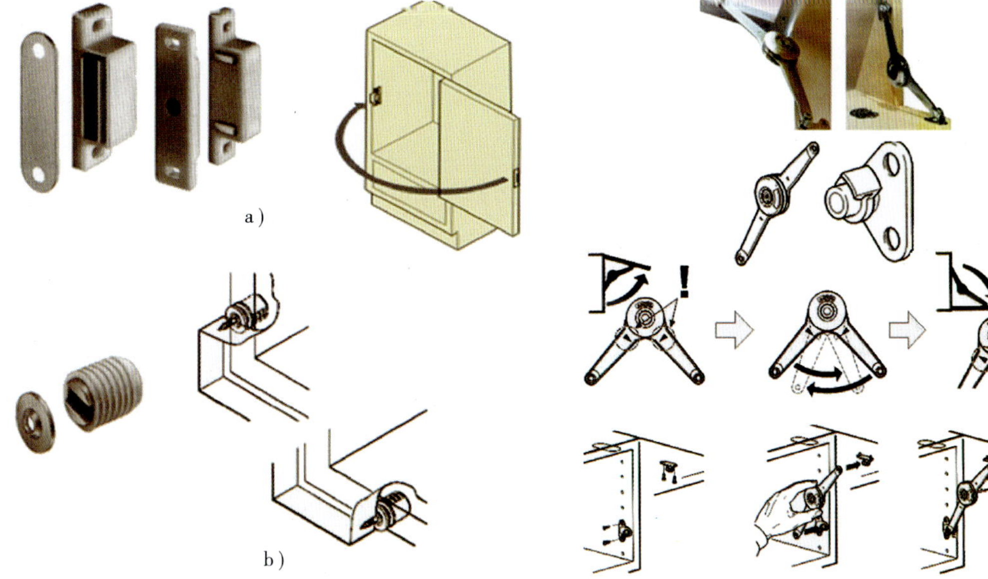

图 3-23　磁碰及其安装示意图

图 3-24　翻门吊杆及其安装示意图

3.3.6 高度调整装置

高度调整装置主要用于家具的高度与水平的调校，如脚钉、脚垫、调节脚等（见图3-25）。

3.3.7 支承件

支承件主要用于支承家具部件，如层板支架、层板托、玻璃层板托、衣棍座等（见图3-26）。

图3-25　脚钉、脚垫与调节脚

图3-26　支承件
a）层板支架　b）层板托
c）玻璃层板托　d）木座层板托、层板柱

3.3.8 拉手

拉手（见图3-27）属于装饰五金类，在家具中起着重要的点缀作用，其形式和品种繁多。根据材料不同，有金属拉手、大理石拉手、塑料拉手、实木拉手等；根据安装位置不同，有抽屉拉手、柜门拉手、玻璃门拉手等。

一套家具中拉手的横装/竖装要统一（包括单孔拉手的形状朝向），但抽屉面板、上翻门、下翻门门板拉手一律横装。上柜门板拉手安装于门板下方，下柜门板拉手安装于门板上方，高柜门板拉手的安装位置应以方便使用为原则。抽屉面板、下翻门、上翻门、带门式配件门板的拉手一般安于门板的宽度中心，开门门板的拉手一般安装于远离安装铰链的一侧。抽屉面板的拉手安装高度有两种，安于面板高度中心或距面板上板边统一高度安装。安拉手时拉手的靠边孔位距板边距离一般为45mm。表面有造型的门板（如实木门板）安装拉手时应注意拉手安装的可行性。

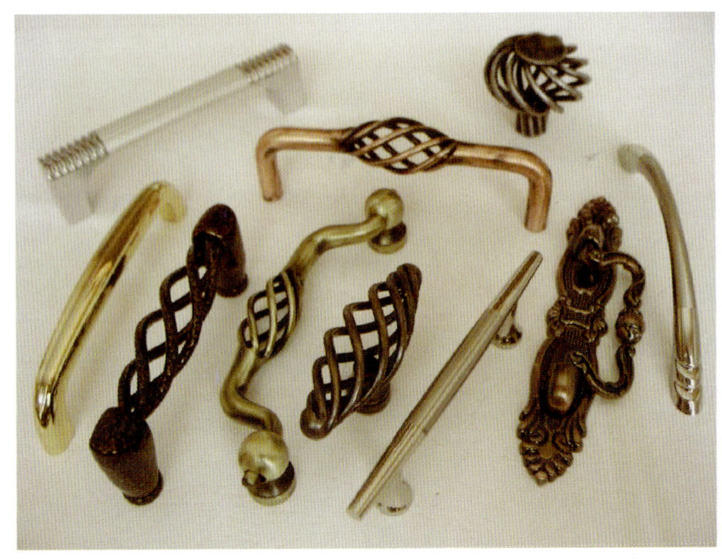

图 3-27　拉手

3.3.9　脚轮

脚轮常装于柜、桌的底部，以便移动家具。根据连接方式不同，可分为平座式、丝扣式和插销式等（见图 3-28）。平座式采用螺钉连接，丝扣式采用脚轮上的螺栓与预埋螺母连接，插销式采用插销与预埋套筒连接。根据脚轮上是否安装刹车，又分为普通脚轮和带刹脚轮。安装刹车的脚轮，当踩下刹车时，便可以固定脚轮，使其不再滑动。

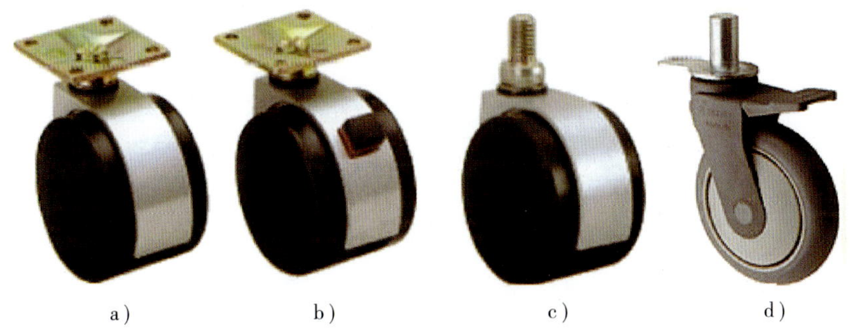

a）　　b）　　c）　　d）

图 3-28　脚轮

a）平座式　b）平座带锁止装置　c）丝扣式　d）插销式

3.3.10　其他五金件

进入 21 世纪，人们对生活品质的要求越来越高，家具作为家居装饰中的一个重要组成部分，使得家具装饰五金件也倍显重要了。除了以上九大类家具五金件外，还有其他一些五金件也是家具设计中必不可少的（见图 3-29 至图 3-31）。

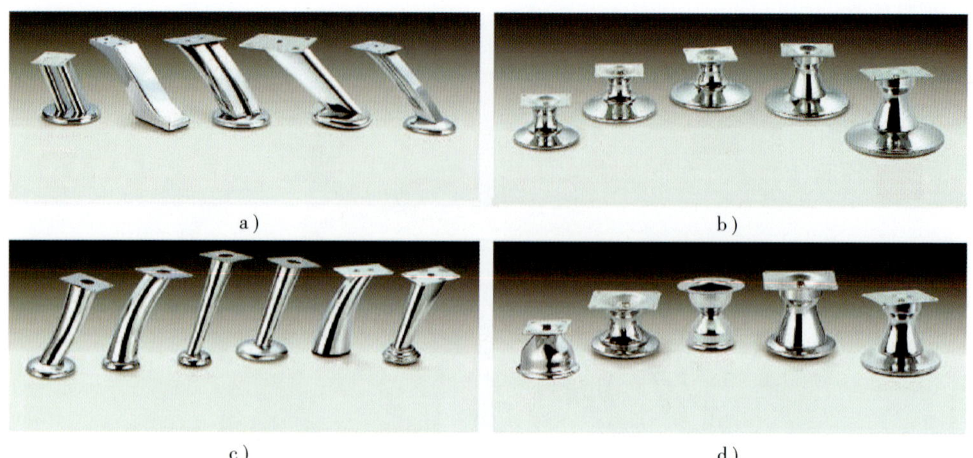

图 3-29　台脚、柜脚和沙发脚

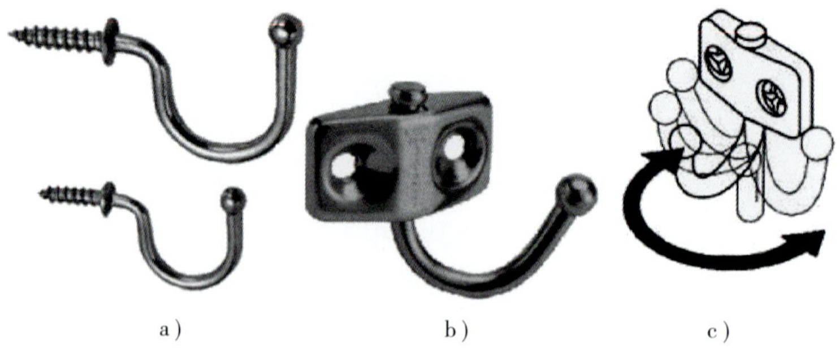

图 3-30　挂钩

图 3-31　领带架、裤架

本章小结

本章主要学习并掌握家具主、辅材料和五金配件的种类、性能及应用，材料是构成家具的基本要素，选择合适的家具材料与配件，是家具设计的第一步，因此，学习掌握本章内容，可以为后面章节的学习打下基础。

思考题与习题

1. 家具的主要材料有哪些?
2. 家具的辅助材料有哪些?
3. 家具的五金件有哪些?

第 4 章　家具设计的原则、程序和内容

学习目标：

1. 理解家具设计的原则。
2. 掌握家具设计的程序与方法。

学习重点：

1. 家具设计的原则。
2. 家具设计的程序与方法。

学习建议：

1. 综合运用家具的概念、家具文化的特点、家具与人类生活方式的关系，加深对家具设计内涵的理解。
2. 理解并运用所学知识，进行设计调查，完成设计报告书。

4.1　家具设计的原则

家具设计的目的是为人类服务，是运用现代科学技术的成果和美的造型法则去创造出人们在生活、工作和社会活动中所需的特殊产品。家具与室内空间及其他物品构成了人类生存的室内环境，又与建筑物、庭院、园林构成人类生存的室外环境。人与人、物与物、人与环境又构成了社会。家具设计的目的是使人与人、人与物、人与环境、人与社会相互协调，其核心是更好地为人类服务。现代意义上的家具是一种与人密切相关的生活用品、批量生产的工业产品、在市场广泛流通的商品、具有极强装饰效果的工艺品，在进行家具设计时必须遵循一定的原则。

4.1.1　功能性

任何一件家具都是为了一定的功能目的而设计制作的。功能是家具设计的中心环节，是先导，是推动家具发展的动力。家具设计与纯艺术创作的差异之处就是实用与审美的统一，使用功能是家具在生活中依存的灵魂和生命，是家具造型设计的前提。在进行家具设计时，首先应从功能的角度出发，对设计对象进行系统分析，再由此来决定其他设计内容。

家具功能设计包括两方面的内容：一是物质功能设计；二是精神功能设计。

物质功能设计指家具作为物质产品，首先以主要功能为重点，科学分析人、家具、环境的关系，符合人体工程学，考虑使用的辅助功能，如拆装、搬运、使用、保养等，同时考虑家具的加工工艺与工业化生产。

在家具的精神功能设计方面，把家具作为一种文化产品，考虑其愉悦的欣赏性的艺术功能，需要分析使用者的生活特性、文化特性和社会特性。比如，现代人对家具的精神功能的

需求倾向于追求简洁、大方，重视质感、肌理和色彩，考虑人的心理感觉，追求自然，重视传统文化。

在家具功能设计的实现过程中，首先要进行功能分析，包括三方面的分析内容：使用对象，使用数量和使用频率。使用对象的分析是功能分析的第一步，主要指使用者对家具特定功能的要求，使用对象年龄、性别、特点、文化、喜好等方面的特点，来确定家具的使用特性和文化特性；另一方面，使用对象分析从职业特点、生理特点和社会属性出发，来确定家具尺寸大小区分、装饰材料区分和颜色造型上的区分。在分析使用对象的同时，也需要考虑使用对象的分组和合并。家具使用数量和使用频率分析能够进一步实现家具的物质功能，从工业生产的角度出发，实现种类和质量的统一。

家具的物质功能的具体要求体现在：舒适方便，灵活多变和节省空间，安全高效、使用耐久和易于维修等方面。家具物质功能方面在设计上要求：利于现代化工业生产，工艺易于实现，技术保障、材料保障、销售因素等，满足现代市场需要，有益于家具市场竞争。

家具精神功能的实现是通过一定的美学法则，在物质功能的基础上，以一定造型、色彩的材料为载体，为使用者传达一种视觉效果。家具的人文化设计是家具精神功能设计的一个重要方面。家具的人文化功能是家具本身所承载的不可分割的要素。现代社会中，我们把生活方式的文化和作为艺术的文化之间的界限模糊了，作为创造生活方式手段的设计，越来越和艺术接近，体现人文特色和蕴含人文精神的产品越来越丰富，充满文化内涵的设计会在消费者使用时让其产生一种情感的认同和投入。

4.1.2 舒适性

舒适性是高质量生活的需要，在解决了家具实用性的问题之后，舒适性的重要意义就显示出来了，这也是设计价值的重要体现。

家具的舒适性要求家具以正确的尺寸、合理的结构和优良的材料，符合人体生理上舒适感的要求，同时重视造型和色彩等视觉因素，满足心理上的愉悦感。

要实现家具的舒适性，就必须了解人体与家具的关系，运用人体工程学的原理指导家具设计（见图4-1）。家具产品本身是为人使用的，是服务于人的，所以，家具设计中的尺度，

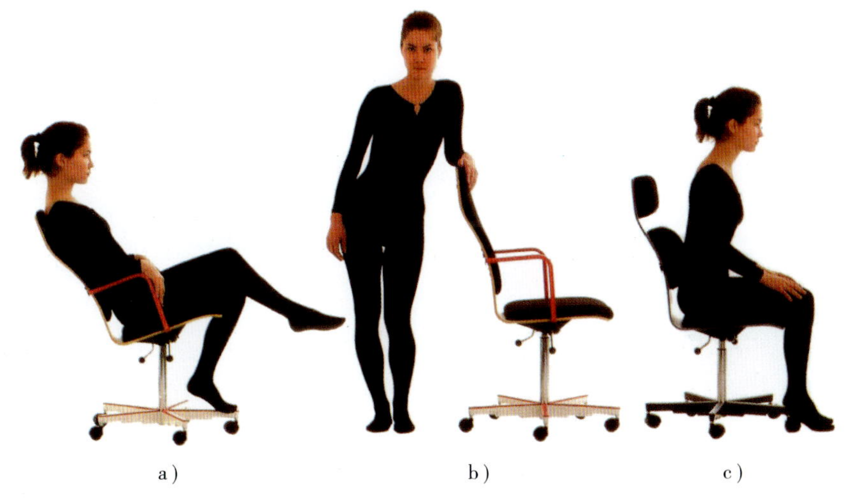

a)　　b)　　c)

图4-1　家具与人体工程学

造型、色彩及其布置方式，都必须符合人体生理、心理尺度及人体各部分的活动规律，以便达到安全、实用、方便、舒适、美观的目的。人体工程学在家具设计中的应用，就是特别强调家具在使用过程中对人体的生理及心理影响，并对此进行科学的实验，在进行大量分析的基础上为家具设计提供科学的依据；同时，把人的工作、学习、休息等生活行为分解成各种姿势模型，以此来研究家具设计，根据人的立位、坐位和卧位的基准点来规范家具的基本尺度及家具间的相互关系。

家具作为一种工业产品，功能和物质的载体是形影不离的，功能必须依附于材质和结构，材料是家具的物质基础，结构则反映了材料在家具制作中的某种技术手段，材料和结构适宜，使其为功能服务，节省体力，放松情绪，消除疲劳，有益身心健康。

4.1.3 美观性

"爱美之心，人皆有之。"随着时代的发展，美观性原则对家具设计越来越重要。在产品技术含量相同、功能类似的情况下，人们总愿意用相同或更高的价格购买更加美观的家具产品。

家具是科学技术与美学艺术相融合的物化形态，家具产品的技术美包括：材质美、结构美、功能美、工艺美、规范美等。材质美（见图4-2）就是通过选取一定材料所获得的具有审美价值的表现纹理美。结构美（见图4-3）是产品依据一定的原理而组成的具有审美价值的结构系统。功能美（见图4-4）是产品设计的核心美学观，即产品性能合理、舒适、耐用、方便，让使用者在使用的过程中产生美的体验。工艺美（见图4-5）是产品通过加工制造和表面装饰等工艺手段所体现的表面审美特性。规范美（见图4-6）指产品要符合一定的规范要求，在标准化、通用化、系列化的基础上体现统一、协调的美感。

图4-2 材质美

a)

b)

图4-3 结构美

图4-4 功能美

图4-5 工艺美

构成家具美感的要素包括力感、量感、质感、空间感、色彩等。比如，哥特式家具大量采用的纵向直线，通过视觉作用在心理上产生的超越感；巴洛克风格家具尺寸宏大、装饰奢华，给人强烈的动感（见图4-7）。儿童家具外形小巧精致，就很容易引起趣感效应，使人欣赏到儿童家具的情趣。家具使用材料、加工工艺的不同，带给人视觉和触觉上的感受也就不同。由于材料本身所具有的特性，通过人工处理令其表面质感更为突出，使光滑的材料有流畅之美，粗糙的材料有古朴之貌，柔软的材料有肌肤之感……家具色彩可以给人以强烈的视觉感受，红色的热烈、蓝色的宁静，深色的凝重、浅色的淡雅，都给人不同的审美体验（见图4-8）。

图4-6　规范美

图4-7　巴洛克风格家具

图4-8　家具色彩美

家具美具有综合性的特征，是实用性与审美性、艺术性与技术性、传统性和时尚性的统一。

家具美是实用性与审美性的统一。家具首先要满足直接功能，适应生存环境的需求。离开了具体的功能用途就失去了家具最基本的价值。没有任何用途的家具不可能是美的家具。因此，家具设计美是使用价值与审美价值的统一。

家具美是艺术性与技术性的统一。家具的功能决定了家具是由艺术与技术构成的。家具是由不同的材料通过一定的结构和构造而实现的，同时家具的造型又要根据美的造型规律，由不同的形态、色彩、肌理和特色装饰予以实现，因此家具既包含艺术的要素，又具有技术、技能、技艺的要素，是艺术与技术的统一。

家具美是传统性和时尚性的统一。家具经历了数千年的发展，在不同的民族和地区，在不同的历史发展时期已经形成了丰富多样而又各具特色的传统风格家具。工业革命以后在探索各种现代设计思想的过程中，又产生了许多美仑美奂的现代风格家具。传统家具与现代家具相互交汇与促进。家具个性化的需求和多样化的时尚设计，使得家具与时尚密切关联，因此家具是传统性与时尚性的统一，是传统的时尚化，传统的现代化。

4.1.4 经济性

家具对消费者来说，是能够满足物质功能、精神功能等需要的生活用品；对生产者来说，可以获取利润。因此，家具产品的设计，不仅仅是一个艺术或技术问题，更是一个经济问题。

据统计，虽然产品设计的费用只占产品最终成本的很小一部分，但仅产品结构设计阶段就决定一个产品寿命周期中60%的累积成本，到设计完成的时候，产品寿命中80%的累积成本就已经被决定。当产品进入生产阶段时，最多只能再影响总成本中的5%。这意味着产品设计工作完成后，大部分成本已成为约束性成本，后续阶段成本控制余地不大。因此在家具产品设计时，就必须进行成本控制。

家具产品设计的经济性包括产品功能设计的经济性、造型设计的经济性、结构设计的经济性、材料选用的经济性等。

1. 功能设计的经济性

合理的功能设计，能给消费者带来更高的使用价值，如具有组合功能的设计相对于单一功能的设计来说，能为用户提供更多的便利，同时也节约制造成本。但要避免过分设计，盲目增加“不必要功能”而导致质量过剩。在实际的设计过程中，常常会出现许多过分设计的现象，如不适当地加大安全系数、盲目采用高性能和高品质的材料，以及在不影响外观质量的表面上作过多的工艺处理，不惜工本地提高加工精度等。这些过分设计不可避免地会增加产品的成本，因此，应适当控制产品的过分设计，确保产品功能设计的经济性。

2. 造型设计的经济性

在家具产品设计的过程中，在充分体现家具造型艺术性的条件下尽可能采用简洁大方的造型，可降低制造过程中的难度，以降低成本，提高产品质量，进而使产品低成本高质量地占有市场，获得市场高效益的回报。

3. 结构设计的经济性

在家具产品设计中，由于不同的结构形式，生产时的难易程度是不同的，因而转移到产品中的劳动成本也有所不同，所以结构的工艺性对整个产品的生产成本具有重大影响。选择合适的产品及部件结构可有效地节约成本。例如，采用板式拆装结构的家具，其平板部件的加工，可大大提高生产效率，也减少了产品的库存面积，降低包装和运输成本。因此，产品的结构设计应在满足造型艺术及功能要求的前提下，尽量采用直接而又简单的结构，力图把其生产费用在设计时就降到尽可能低的水平。

4. 材料选用的经济性

可供制造家具的材料种类繁多，而且不同的材料有不同的加工工艺、不同的接口方式和不同的装饰方法，最终必然有不同的成本构成，所以材料的选用会直接影响产品的质量、成本、价格，如家具表面装饰材料种类很多，有薄木、木纹纸、PVC等。在这些饰面材料中，有的在进行贴面后无须进行其他处理，有的则还需要进行油漆装饰，这样一来，在生产过程中就要增加人员和设备的投入，而且油漆工艺复杂，生产周期长、生产效率低，不仅增加产品的劳动力成本，还会影响交货期。所以设计时尽量选用免油漆的饰面材料来降低成本。总体来说，在产品设计中，材料的选用应在不降低质量的前提下，尽量避免使用稀有贵重材料，并按照总体最优化的原则，有选择性地取舍材料，做到优材优用，劣材巧用，提高材料的利用率。在选择材料以后，还要选用适合于材料性质的加工工艺路线和科学合理的加工方法，降低材料的消耗量及废品率。

在当前市场经济阶段，价格是获取利润的重要手段，要使产品在激烈的市场竞争中处于优势，只有精心设计、巧妙构思，以较低的造价实现相同艺术含量的产品，才能创造更多的商业利润。在家具产品设计阶段把握好成本，并通过设计增强家具附加值，在充分体现家具造型艺术性的条件下，尽可能从材料、结构、工艺、装饰等方面降低产品造价，使产品的价格能适合更广泛的消费者，提高市场占有率。

4.1.5 绿色环保

当今人类面临着人口增长迅速、自然资源短缺、环境污染严重等问题，人类无节制地开发利用自然资源，给自身生存环境造成危机。在工业社会由于过分强调人的生存与需求，而忽略了自然界的生存与保护，因而导致了全球范围的资源短缺，环境污染与生态破坏。

我国是一个家具生产、消费大国，家具是用不同材料加工制成的，而木材和木质材料是最主要的材料。但木材是一种天然资源，优质木材生长周期长，随着资源的日益减少，显得更加珍贵，因此，在设计和生产家具时必须考虑木材资源的合理开发、持续利用原则。

现在人们逐渐认识到设计对环境保护、资源持续利用方面所起的重要作用，“绿色设计”成为关注的焦点，包括“绿色家具”在内的各种“绿色产品”受到人们的青睐。

绿色设计，是指在产品及其生命周期全过程的设计中，在充分考虑产品的功能、质量、开发周期和成本的同时，优化有关设计因素，使得产品及其制造过程对环境的总体影响极小、资源利用率极高、功能价值最佳。

绿色设计的基本思想是在设计阶段就要将环境因素和预防污染的措施纳入产品设计之中，将环境性能作为产品设计的目标和出发点，力求使产品对环境产生的负面效应降到最低。绿色设计又常称为面向环境的设计（Design for Environment）或生态设计（Eco-design），它强调开发绿色产品。

绿色家具作为一种特殊的绿色产品具有其特殊的含义，即有利于使用者的健康，对人体没有毒害与伤害的隐患，满足使用者的多种需求，在生产过程和回收再利用方面符合环境保护要求的家具为绿色家具。按照绿色产品的要求，绿色家具除了产品本身能够符合标准中规定的检测指标和满足精心设计的使用功能和精神功能外，应能通过从产品设计、制造、包装、运输、使用到报废处理的整个生命周期的全过程实施，使产品最大限度地实现资源优化利用、减少环境污染和满足人们需求，在其生产、使用、回收处理全过程中，都不会对环境产生污染或对人体健康产生危害。

1994 年 5 月 17 日，由国家环境保护总局、国家质检总局等 11 个部委的代表和知名专家组成的中国环境标志产品认证委员会（China Certification Committee for Environmental Labeling Products，简称 CCCEL）成立，标志着与国际生态标签计划对接的中国环境标志计划开始实施。2003 年 9 月，根据《中华人民共和国认证认可条例》的要求，国家环保总局成立了国家环境保护总局环境认证中心——中环联合（北京）认证中心有限公司（CEC），接替了中国环境标志产品认证委员会秘书处的认证职能，成为国家授权的唯一授予中国环境标志的机构。

环境标志是一种标在产品或其包装上的标签，是产品的“证明性商标”，它表明该产品不仅质量合格，而且在生产、使用和处理处置过程中符合特定的环境保护要求，与同类产品相比，具有低毒少害、节约资源等环境优势。

中国环境标志（见图4-9）是一种官方的产品证明性商标，图形的中心结构表示人类赖以生存的环境，外围的十个环紧密结合，环环紧扣，表示公众参与共同保护环境；同时十个环的“环”字与环境的“环”同字，其寓意为“全民联合起来，共同保护人类赖以生存的环境”。

目前国内主要的家具产品环保认证主要有两种：一种是通过国家环保总局“中国环境标志”认证的产品，是目前国内最高级别的环保产品认证；另外一种是通过中国质量认证中心“CQC质量环保产品”认证（见图4-10）的产品，该认证主要包括质量和环保两个方面。

图4-9　中国环境标志

图4-10　CQC质量环保产品认证标志

4.2　家具设计的程序和内容

设计程序就是有目的地实施设计的次序和科学的设计方法，是设计人员在长期设计实践中总结出来的一般规律，规范有效的设计程序和正确的设计方法是家具产品设计成功的基础和保证。

对于设计程序，不同国家、企业、个人的观点不尽相同，但其基本内容和目标没有本质上的差异。设计主要包括创造、表现、评价三大要素，图画、图纸、实物三大技法，方案设计、技术设计两大部分。

设计师接到设计项目时，首先要做方案设计，了解是自行设计还是客户委托设计，再根据要求搜集资料，进行设计构思，形成明确的设计方案图，最后编制完整的设计方案，包括设计说明、设计图、效果图、成本分析等，供客户或企业相关部门分析审批。

设计方案通过批准后，接下来要开展技术设计，全面考虑家具的材料选择、结构细节、零部件规格及加工、装配、涂饰等，并按照标准绘制成各种形式的图表，最终生产制作出家具实物。

具体来讲，作为批量化生产的家具，设计的程序与内容的流程如图 4-11 所示。

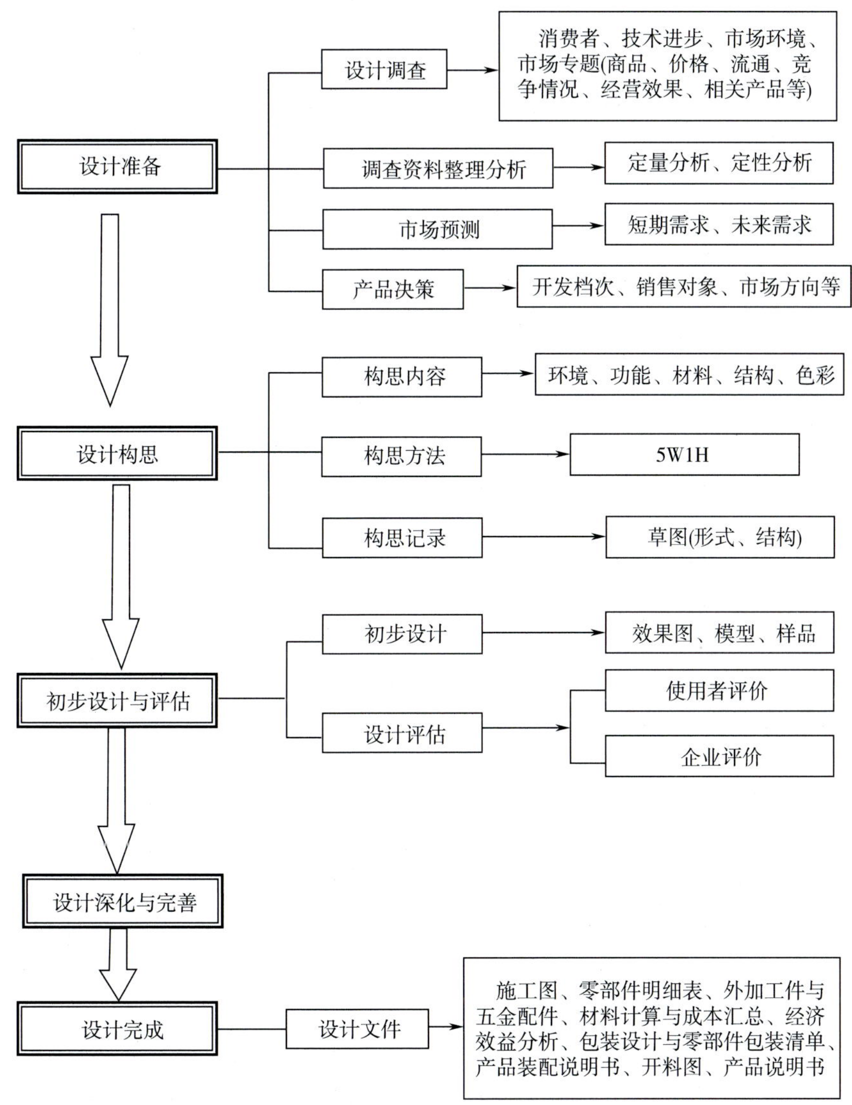

图 4-11　家具设计的程序与内容

4.2.1　设计准备

设计准备阶段的主要工作内容是：设计调查、资料整理、资料分析、产品决策与需求预测等。

4.2.1.1　设计调查

设计调查是确定设计方案的重要依据，是整个设计过程的前提和基础。

设计调查的内容包括对消费者、技术进步、市场环境、市场专题、有关产品等情况进行调查研究。

调查的方式有抽样调查、问卷调查、访谈调查、电话调查、媒体调查、文案调查等。

收集设计信息的途径有互联网、专业媒体、家具市场、家具展览会、家具企业等。

4.2.1.2 调查资料的整理分析

初步完成了产品开发市场资讯的搜寻工作后，要对所有的资讯进行定性、定量分析，系统整理，设计编制概念分析图表，进行专题分析，并做出科学结论或预测，编写出图文并茂的家具产品设计调研报告书，供制造商、委托设计客户的决策层作为决策参考和设计立项的依据。

4.2.2 设计构思

经过设计准备阶段，掌握了必要的设计信息和资料之后，可以进入设计方案的构思阶段。构思的起始一般是比较模糊的，经过“构思—评价—构思”并不断重复，使模糊的思维逐渐明朗和具体化，直到获得满意的结果为止。构思过程通常用草图作为记录。

4.2.2.1 设计构思的内容

（1）环境：在设计构思时要综合考虑家具与使用环境的和谐。

（2）功能：构思时要考虑使用者需求，从而确定家具的主要功能与辅助功能，还包括家具的物理功能、生理功能、心理功能以及社会功能。

（3）风格：是中式、欧式还是美式？是现代还是古典？是时尚还是传统？家具风格决定家具的特征。

（4）材料：材料在一定程度上决定了家具的结构、色彩、生产工艺等，构思时要考虑材料的外观、性能、成本、加工工艺性、表面装饰性等内容。

（5）结构：家具的内部结构取决于功能、材料等；外在结构直接与使用者相接触，它是外观造型的直接反映，因此在尺度、比例和形状上都必须与使用者相适应。

（6）色彩：要根据家具的使用环境、家具功能、流行色以及使用对象的年龄、性别、爱好等来确定家具的主色调。

4.2.2.2 设计构思的方法

我们可以借助“5W1H”来展开思考。“5W1H”，就是 Who、What、Why、Where、When 和 How。

Who——我们为谁设计？也就是设计受体的定位。所设计的产品是为市场上哪些人群服务的？他们的文化和审美趋向及价值取向如何？他们的购买力如何？他们有什么样的生活规律？他们对家具有什么特殊要求？他们有什么样的人体尺寸分布？如果是针对具体的个人，还要了解其性格、人体尺寸审美要求以及功能要求。

What——我们设计什么？也就是设计范围或产品功能框定的，我们所要设计的产品要具有什么样的功能要求？

Why——我们为什么这样设计？

Where——我们设计的产品是在什么环境中使用的？我们设计的产品在该环境下有没有要特殊考虑的要求？如果是特殊的地域，则该地域的文化、生活习俗、传统观念对家具的设计有没有特殊的要求和限制？

When——我们设计的产品有没有时效性和风格的限定？

How——我们如何设计、生产这些产品？

4.2.2.3 设计理念的形成

1. 传统的继承与创新

传统文化与传统家具是家具文化的重要资源，也是家具设计构思的重要源泉。明式家具是我国家具文化的瑰宝，也是世界家具文化的重要遗产。全面或部分地继承和发扬传统，通过分解、重构和创新，开发出新的家具形式，是家具新产品开发的重要途径（见图 4-12）。

图 4-12　新中式家具

2. 系统、多功能组合

就家具设计而言，系统设计思想就是把单体家具或成套家具看成一个系统，同时把产品制作的要素和产品功能的要素作为一个统一体，综合考虑社会的、人类的、经济的、技术的、生理的、心理的、功效的、艺术的等各种要素，为满足人的全面需求而进行的创造性设计。功能的多样组合就是将现代生活、工作所需要的不同功能通过家具这一媒介使之有机地组合在一起以便更好地适应现代工作与生活的需要，从而达到舒适、高效、安全的目的。多功能组合家具（见图 4-13）集多种功能于一体，占地少、灵活性大、功能转换简便，以其造型新颖、使用方便、舒适实用的特点而广受市场欢迎，也是新世纪家具设计的发展趋势之一。

3. 技术的强化与弱化

技术的强化就是应用高技派（High-tech）（见图 4-14）的表现手法进行新产品开发，它主要通过采用现代新型工业材料、暴露产品的结构、突出新材料和新结构的特点，将家具设计成机器或工业产品一样，打破了传统的形式，力求使工业技术接近人们习惯的生活方式和审美观，使人们容易接受并产生愉悦感。技术的弱化，即高科技的内核与低技术的外观相结合。

4. 完全创新

完全意义上创新是指根据家具的功能要求、材料特点、人体工程学、造型法则等一系列家具设计的要素，进行完全意义上的设计活动。完全意义上的创新一般在平时随意勾画不规

a)

b)

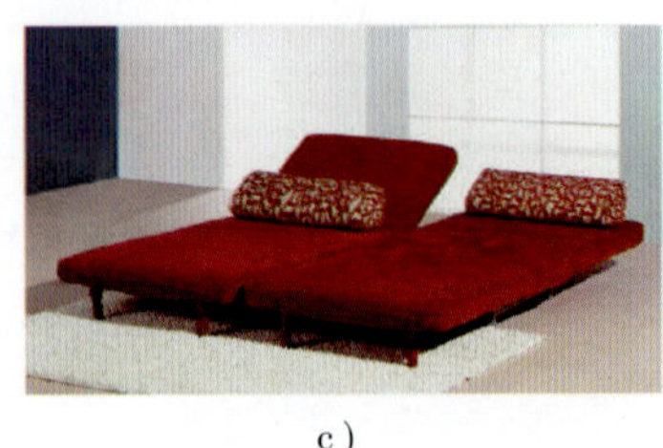

c)

图 4-13　多功能沙发

范形体的累积上进行再创作，这种平时随意勾画的不规范形体类似于其他艺术活动中素材的收集和针对性的训练。

5. 借鉴、移植

家具的发展和建筑的发展一直是并行的关系，在漫长的历史长河中，无论是东方还是西方，建筑样式和风格的演变一直影响着家具样式和风格。现代国际主义建筑风格的流行同样产生了国际主义风格的现代家具。同时，家具本身也从属于工业设计，因此，工业设计的理论与技术的发展也将带动家具设计的发展。建筑、装饰、工业设计中的法则、元素以及设计语言、符号，同样也可以移植到家具中。在家具设计过程中，适当借鉴、移植建筑、装饰、工业设计中的设计语言、符号，加以融合，也是家具设计的方法之一。

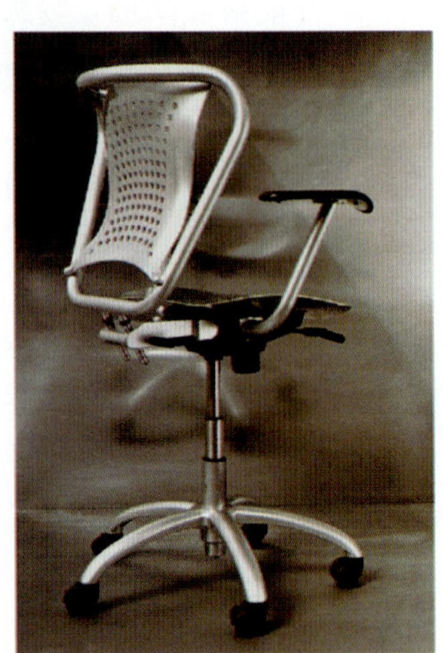

图 4-14　高技派家具

4.2.2.4　构思记录手段

设计师面对抽象的概念和构想时，必须经过化抽象概念为具象图形的过程，即把脑中所想到的形象、色彩、质感和感觉化为具有真实感的事物。草图是完成这个过程的最快捷和最直观的手段。

4.2.3　初步设计与评估

4.2.3.1　初步设计

在对草图进行筛选的基础上画出方案图与效果图，还可以制作成模型、样品。初步设计应给出多个方案，以便进行评估，选出最佳方案。

三视图应按比例绘制，标明主要用材，以及表面装饰工艺要求等。

效果图最重要的意义在于传达正确的信息——让人们正确地了解到新产品的各种特性和在一定环境下产生的效果，便于各类人员看懂并理解。

模型是运用相应的材料，采用合适的结构、加工工艺的三维实体表现方法，来表现产品的设计构思和模拟产品的形态结构。模型既是一种设计表达方式，又是设计过程中不可缺少的分析、评价、评论手段，甚至某些工艺环节只有通过模型制作，才能确定其设计变为产品的可能性。

产品设计从最初的创意构思到初步的概念草图、三视图、效果图、模型，不仅反映着产品创意的产生和发展，而且还以形象化、直观化的图画语言传达设计功能。

4.2.3.2　设计评估

设计评估目的是观察评价设计的结果是否满足设计要求。设计评估工作由上一级主持，相关部门参加，可邀请使用者或其代表参加。家具企业的营销人员、了解市场行情和顾客需求，设计人员熟悉造型、结构和技术规范，工艺员熟悉生产过程，各部门的相关人员结合在一起进行评审，有利于发挥集体智慧，纠正设计工作中的偏差和失误，是使设计工作取得成效的关键所在。

4.2.4　设计深化与完善

家具产品开发设计是一个系统化的进程，这个过程从最初的概念草图设计开始，逐步深入到产品的形态结构、材料、色彩等相关因素的整合发展与完善中来，并不断用视觉化的图形语言表达出来，这就是设计的深化与细节研究。

在初步设计确定的草图基础上，把家具的基本造型用更完整的三视图和透视图绘制出来，初步完成家具造型设计。在家具造型设计的基础上进行材质、肌理、色彩的装饰设计。在造型、材质、肌理、色彩、装饰设计的基础确定之后，进行结构设计、零部件设计，特别是结构的分解与剖析，应进行大量的细节方面的推敲与研究。家具结构细节的设计研究应注意如下内容：

（1）尽可能绘出家具的各部分结构分解图。

（2）人体工程学分析。

（3）关键部位的节点构造。

（4）材质、肌理、色彩的不同组合效果分析。

（5）具体尺寸的进一步确认。

（6）产品的系列化组合。

在家具深化设计与细节研究的设计阶段，更应加强与设计委托单位的联系，并到家具材料、家具配件、家具五金件的工厂、商场作实地考察，并与生产制造部门多沟通，使家具深化设计进一步完善。

4.2.5　设计完成

完成全部设计文件：设计图、效果图、施工图（包括结构装配图、零部件图、大样图、效果图、拆装示意图等）；零部件明细表；外加工件与五金配件；材料计算与成本汇总；经济效益分析；包装设计与零部件包装清单；产品使用说明书等。

本章小结

家具设计时要考虑家具的功能性、舒适性、美观性、经济性、绿色环保等方面。家具设计的一般程序包括设计准备、设计构思、初步设计与评估、设计深化与完善、设计完成几个阶段。

思考题与习题

1. 什么是家具设计的功能性原则?
2. 什么是家具设计的舒适性原则?
3. 什么是家具设计的美观性原则?
4. 什么是家具设计的经济性原则?
5. 什么是家具设计的环保性原则?
6. 家具设计的一般流程是什么?
7. 完整的家具设计文件主要包括哪些内容?

第5章　家具设计表达

学习目标：

1. 熟悉家具设计草图、生产图的含义、类型。
2. 理解家具设计草图、生产图的具体内容。
3. 掌握家具设计表现技法的绘制方法，掌握构思方案、设计图的表达能力，能恰当地运用工具达到最佳效果，掌握家具设计报告书的内容与编制。

学习重点：

1. 家具设计的表现技法。
2. 家具生产图的绘制。

学习建议：

1. 学生能熟练运用家具设计的基本原理比较系统地进行家具设计的造型训练，要求学生具备家具设计与设计表达并进行家具新产品开发的能力。
2. 理解并运用所学知识，进行设计调查，编制设计报告书。

设计的表达属于信息传递的范畴，可以理解为运用各种设计语言将设计理念以最直观、最有效的方式，最清晰、最全面地展示出来，以获得受众的真正理解与接受。设计表现图是设计师向其他人阐述设计对象的具体形态、构造、材料、色彩等要素，与对方进行更深入的交流和沟通的重要方式；同时，也是设计师记录自己的构思过程、发展创意方案的主要手段。

家具设计综合了使用功能、人体工程学、材料和视觉审美等诸多方面的因素，以视觉传达的方式表达出设计构思和设计行为，其设计要素的多样性与受众理解能力的差异，决定了设计语言的多样化。家具设计的表达涉及到的设计语言包括口语、文字、图表、图形、实体模型、虚拟影像等。在家具设计表达的设计语言中，图形以其最直观的视觉传达方式列于首选地位。

5.1　设计草图与设计表达

5.1.1　设计表现图的特点

家具设计可通过工程制图、模型、文字说明及效果表现图等形式表达出来。设计表现图具有直观性、真实性、艺术性的特点，在设计表达上享有独特的地位和价值，它作为表达和叙述设计意图的工具，是专业人员与非专业人员沟通的桥梁。

1. 准确性

准确性是表现图的生命线，准确性始终是第一位的。通过色彩、质感的表现和艺术的刻画达到产品的真实效果。表现图最重要的意义在于传达正确的信息，正确地让人们了解到产品的各种特性和在一定环境下产生的效果。

2. 真实性

是指造型表现要符合规律，空间气氛营造真实，形体光影、色彩的处理遵从透视学和色彩学的基本规律与规范。灯光色彩、绿化及人物点缀等方面也都必须符合设计师所设计的效果和气氛。

3. 快速性

现代产品市场竞争非常激烈，有好的创意和发明，必须借助某种途径表达出来，缩短产品开发周期。面对客户推销设计创意时，必须互相提出建议，把客户的建议立刻记录下来或以图形表示出来。快速的描绘技巧便会成为非常重要的手段。

4. 说明性

图形学告诉我们，最简单的图形比单纯的语言文字更富有直观的说明性。草图、透视图等都可以达到说明的目的，尤其是色彩表现图，可以充分地表达产品的形态、结构、色彩、质感、量感等，还能表现韵律、形态性格、美感等抽象的内容。所以，表现图具有高度的说明性。

5. 艺术性

视觉图形的感受等方法与技巧必然增强表现图的艺术感染力。在真实的前提下适度夸张、概括与取舍也是必要的。表现图的艺术魅力必须建立在真实性和科学性的基础之上，也必须建立在造型艺术严格的基本功训练的基础上。表现图是一种观念，是形状、色彩、质感、比例、大小、光影的综合表现。选择最佳的表现角度、最佳的光线配置、最佳的环境气氛，本身就是一种创造，也是设计自身的进一步深化。优秀的设计图融艺术与技术为一体，本身就是一件好的装饰品。

5.1.2 设计表现图的形式

按照功能及形式的不同，设计表现图可分为设计草图、三视渲染图、透视渲染图等。

1. 设计草图

设计草图（见图5-1）是在设计过程中，设计师把头脑中抽象的思考变为具象形态时，

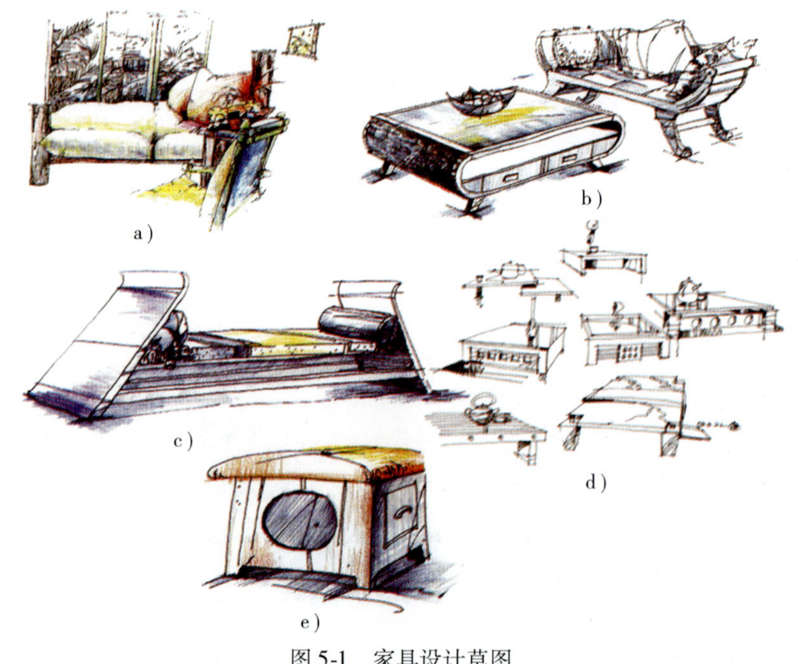

图5-1 家具设计草图

需要迅速地将构思、想法记录或表达出来的一种描绘形式。但这种描绘形式有别于传统绘画中的速写，它不单具有记录和表达的功能，而且是设计师对其设计的对象进行构思和推敲的过程，这才是设计草图的主要功能。因此，在设计草图上往往会出现文字的注释、尺寸的标定、色彩方案的推敲、结构的展示等。

设计草图实际上也是设计师将自己的想法由抽象变为具象的创造过程。设计构思在大脑中稍纵即逝，所以要求设计师要有快速和准确的速写能力，以便把想法记录下来。记录只是设计草图的一个功能，而更重要的功能是设计师对其设计对象的理解和推敲。比如，对一些结构的考虑、对整个形态的把握和细部的处理等都需要十分具象的图解思考。所以有时要求设计 师的草图无论从形态和质感上都要描绘得十分准确、具体，这样能为其推敲自己的设计起一个良好的促进作用。由此可见，设计草图无论是在设计表达上还是在设计构思上都有着十分重要的作用。

设计草图分为概念草图、细节草图和展示草图等。

（1）概念草图。概念草图是设计初始阶段的产品雏形，以线描为主，迅速记录设计师对于形态的思维发展过程和大概意念（见图 5-2）。

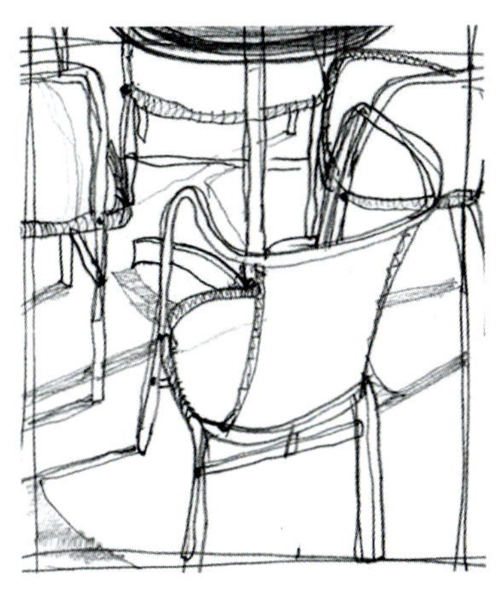

图 5-2　家具概念草图

图 5-3　细节草图（解释说明）

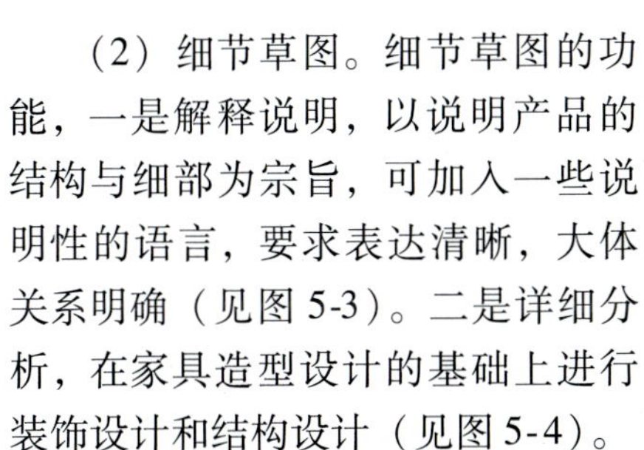

（2）细节草图。细节草图的功能，一是解释说明，以说明产品的结构与细部为宗旨，可加入一些说明性的语言，要求表达清晰，大体关系明确（见图 5-3）。二是详细分析，在家具造型设计的基础上进行装饰设计和结构设计（见图 5-4）。

（3）展示草图。展示草图一般供评审和比较方案时使用，需要清晰地表达家具的结构、材质、色彩，必要时为加强主题还会顾及使用环境和使用者（见图 5-5）。

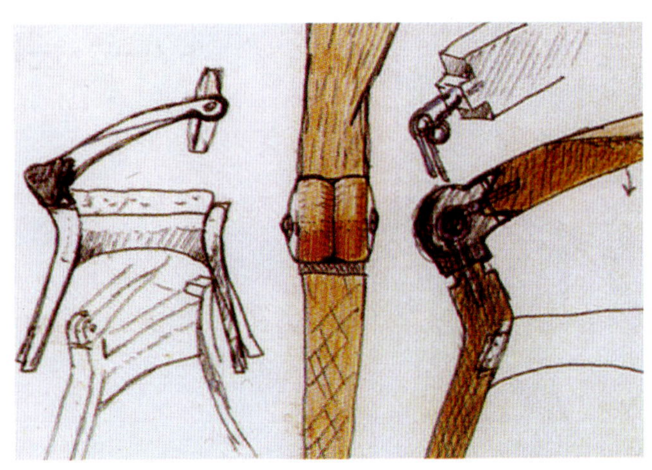

图 5-4　细节草图（详细分析）

a）　b）

c）

d）

图 5-5　家具展示草图

设计草图是一个重要的设计阶段，也非常方便，可以随意修改。在设计的过程中，先确定手稿，再借助电脑做效果图、工艺图，再打样看实际效果，然后在细节上进行修改，最终成为产品。在设计教学中，加强设计徒手草图的训练，通过脑—眼—手—图形的有机结合、不断地形象化思考和再观察、再发现和再创造的过程，有助于提高学生观察问题、发现问题、分析问题的能力。创造性思维能力以及综合的设计修养，能使设计者产生更多的新构思、新创意。

2. 三视渲染图

以精确形象地体现家具各个部分体量关系为目的的一种表现形式（见图 5-6）。

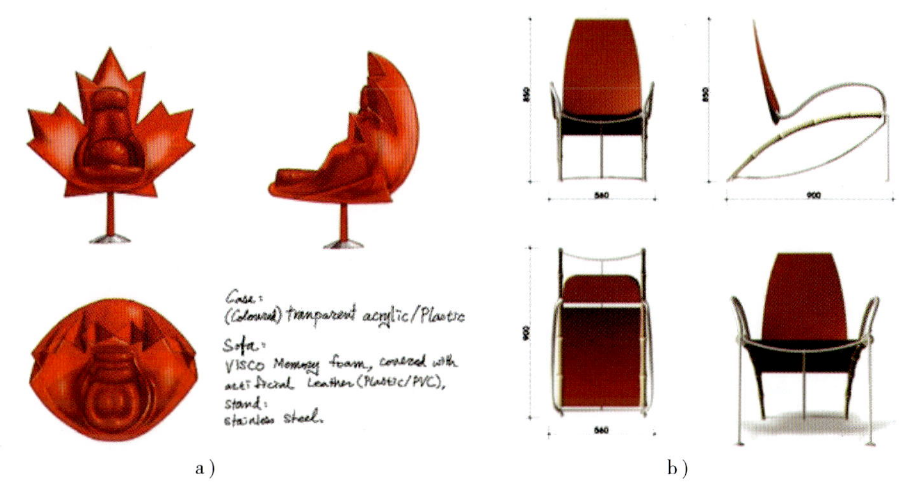

a)　　　　　　　　　　　　b)

图 5-6　家具三视渲染图

3. 透视渲染图

透视渲染图（见图 5-7）通过形状、材质、纹理、色彩、光影效果等的表现和艺术的刻画达到产品的真实效果。

a)　　　　　　　　b)　　　　　　　　c)

图 5-7　家具透视渲染图

4. 室内家具效果图

带场景和环境交待的渲染图，使设计的各项内容完整、直观（见图5-8）。

a)　b)　c)　d)

图5-8　室内家具效果图

5.1.3　家具设计表现技法

家具设计效果图是一种重要的设计表现形式。在设计过程中，效果图以透视图为基础，对未来产品的形态、材质、色彩、光影乃至环境气氛等预想效果进行综合表现。

家具设计效果图是传达设计信息、研究设计方案、交流创作意见的专业语言。效果图绘制技术是优秀设计师必备的专业能力和素质，也是体现其创造能力的标志之一。良好的效果图，不仅可以将设计师的设计构思表现得淋漓尽致，还可以反映出设计师本身的艺术修养、创造性、设计风格和造型能力。

家具设计效果图在绘制时不像写生绘画那样照着实物进行描绘，而只能凭借于绘画的表现规律和原理来描绘想象中的家具形象。因此，掌握和熟悉这些基本规律和原理对专业设计师来说十分重要。基本规律和原理有以下几个方面：

（1）透视轮廓：准确的、符合透视规律的轮廓是正确表现家具形象的基础，是绘制设计效果图首先要解决的问题。

（2）光影及明暗：设定光源方向，区分物体的受光面和背光面以及明暗层次、效果图类别和工具材料。

（3）色彩及质感：画面色彩关系的处理，以及运用色彩来表现不同材质和肌理效果，是设计效果图的基本任务之一。

(4) 画面的艺术性：画面构图、色彩配置、背景及画面装饰效果处理，是决定画面总体质量和视觉效果的重要因素。

家具设计表现技法是以设计工程为依据、通过表现图技法手段直观而形象地表达设计师的构思意图和设计最终效果。家具表现技法是一门集绘画艺术与工程技术为一体的综合性学科。

5.1.3.1 工具与材料

家具设计效果图在绘制时需要用到以下工具和材料（见图5-9）：

(1) 绘图铅笔、彩色铅笔、色粉铅笔、炭精棒、木炭条、钢笔、针管笔、签字笔。

(2) 彩色水笔、马克笔。

(3) 水彩笔、油画笔、国画笔、底纹笔。

(4) 水粉色、水彩色、丙烯色、照相透明水色、色粉画棒。

(5) 图板、三角板、丁字尺、曲线板、椭圆板等。

(6) 裁纸刀、美工刀、胶带纸、胶水、橡皮、涂改液等。

(7) 绘图纸、水彩纸、水粉纸、白卡纸、铜版纸、复印纸、硫酸纸等。

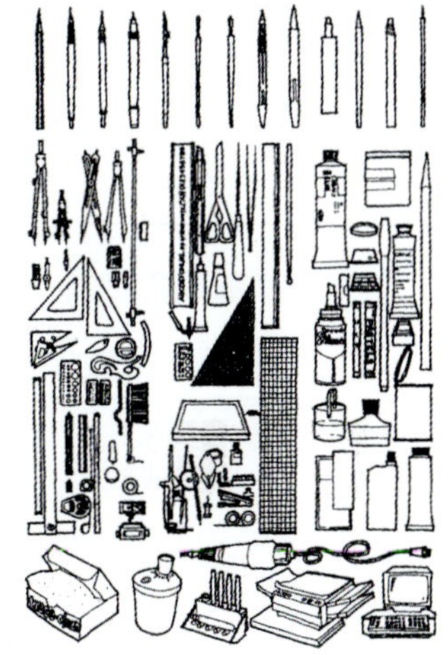

图5-9 工具与材料

5.1.3.2 效果图表现技法

1. 水彩画法

水彩以明快清丽的色彩成为设计图的主要表现技法之一。早期建筑设计的色彩训练基础是从水彩渲染开始的，由于水彩的透明性及不易覆盖的特点，每一步都需要严谨的思考和循序渐进的方法。水彩画法不宜反复涂抹，宜充分运用水分，这也是作图的规范之一。

用于设计表现的水彩技法常见的有渲染法和淡彩法两种。渲染法是传统的技法，它是在拷贝后的线稿上按照由浅至深的画法层层渲染而成。淡彩法是用铅笔或钢笔勾勒出所设计家具的结构、造型的轮廓线，然后再施以淡彩，表现出物体的光与影的关系，从而使画面获得生动活泼的单色立体和多色立体的画面效果（见图5-10和图5-11）。

a)

b)

c)

图5-10 水彩画法步骤图

图 5-11　室内环境的水彩画法

（1）用笔勾勒造型及结构透视轮廓线。线条要求流畅，运用线条的轻重、粗细和虚实的对比来表现一定的空间关系。

（2）轮廓线勾画完后，用底纹笔表现大体色彩。注意色彩的明暗层次和冷暖变化，以表现出高光部分。此阶段应注意物体的大小关系，由浅入深地描绘出物体的立体感，注意材料质感和色彩的表现。

（3）待画面干后，可着第二遍颜色，形成有一定冷暖色彩、由浅到深的明暗关系，画出家具色彩部分。

（4）用白色提出反光与亮光处，点出高光点，表现出局部，最后调整画面的整体关系，完成作图。

2. 水粉画法

水粉颜色色泽鲜艳、浑厚、不透明，有很好的覆盖力，表现力强，能准确地表现物体的造型特征，与水调和，便于大面积涂覆，是各专业设计师经常采用的画法。

（1）勾勒出家具的造型及结构透视轮廓线，注意线条的变化。

（2）用底纹笔刷底色，运笔方向自右上至左下，注意笔触的变化。刷家具的大色块时，笔触为垂直方向，以区别背景的手法。

（3）用更深的底色的同类色或近似色概括地画出暗面色调。加重投影刻画亮部与家具细节。

（4）用白粉提出轮廓和高光，继续刻画细节，调整画面的整体效果，完成作图（见图5-12）。

3. 透明水色画法

透明水色色泽鲜艳，纯度高，用水调和非常明快。着色可直接在干底上画；为取得更好的色彩罩染和衔接效果，也可以在湿底上画。应注意的问题是：

a）

b）

图 5-12　沙发的水粉画法步骤

透明水色不具备覆盖力，画面上大面积的白色区域和亮色区域应预先保留下来，着色的次序应由浅入深，逐层深入；罩染色彩时，应考虑同底面上色彩混合的复色效果；作画时注意笔蘸色要适度，既不要太干，也不要有太多的水分。

表现步骤如下（见图 5-13）：

（1）用铅笔勾勒形体，可略施明暗色调。

（2）用底纹笔刷色彩的大关系，笔触要求轻松、有变化，保留飞白和亮色区域，加重前面的暗部，体现立体效果。

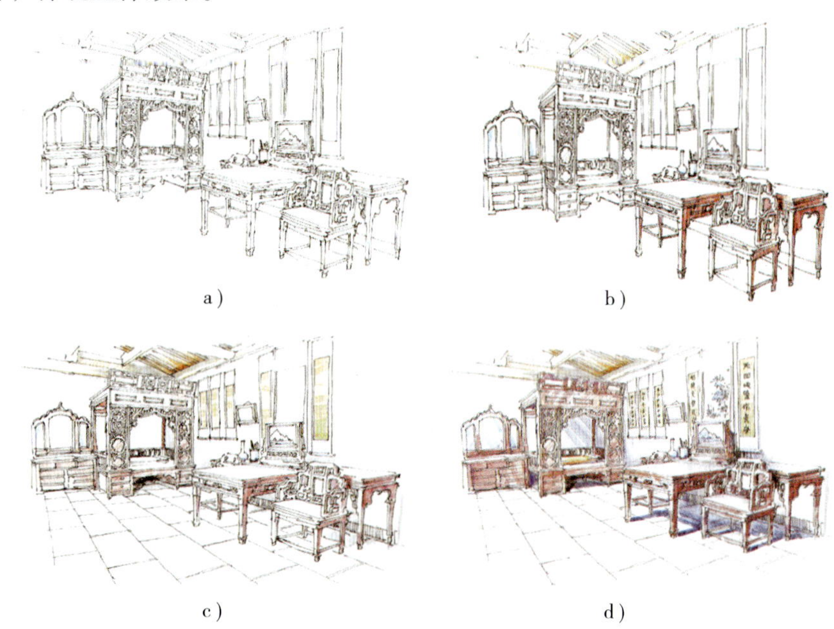

a）　b）　c）　d）

图 5-13　透明水色画法

（3）逐层罩染，利用色彩的冷暖、明暗及纯度表现家具的立体形态。该阶段需注重色调的大关系。

（4）继续深入刻画各个面，最后用水粉刻画精细之处，点出亮光，注意光源远近的冷暖变化。

4. 色粉画法

色粉画法被国内外很多设计师所使用。它可表现出大面积十分平滑的过渡和柔和的反光。层次丰富、色调细腻，易于擦拭修改。在质感方面对于玻璃、高反光金属等有很强的表现力；不过粉末极易掉落，可于画稿完成后喷少量定色剂（见图 5-14）。

色粉画法的步骤如下（见图 5-15）：

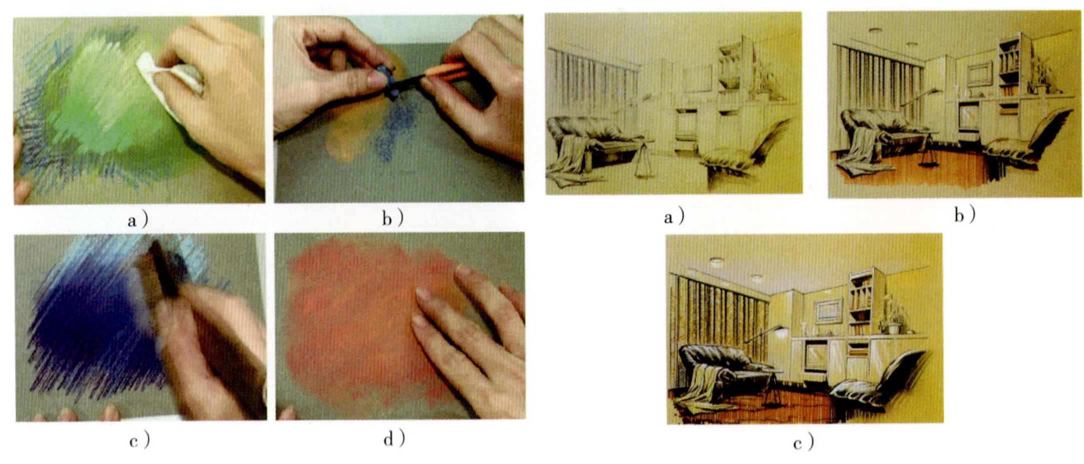

a） b） a） b）

c） d） c）

图 5-14　色粉画法　　图 5-15　色粉画法步骤

（1）在硫酸纸上画出家具透视墨稿。根据表面起伏、材质、受光的情况，选取粗细不同的线条，将硫酸纸翻过来在背面画出所表现部分的色彩及背光部分的色调。

（2）再将纸翻回正面，由于硫酸纸具有半透明的性质，使纸背后的色调更为柔和。在纸的正面用深色或黑白色画出阴影线、明暗交界线及投影，处理投影时适当留出一些倒影、反光。切忌涂成一片，保持画面的透明、灵活。

（3）用遮挡膜遮住整个画面，用刀片沿轮廓切割，注意把握切割力度，既不要切透图纸，又要刻穿遮挡纸，将需要上色部分的遮挡膜揭掉，用棉花蘸色粉擦拭，通过色粉过渡表现家具的受光、背光及形体的转折关系。

（4）借助模板、直尺对表面进行细部刻画，通过特种白铅笔，画出高光。也可用毛笔蘸白颜料点出高光，使画面更具光感，增加真实性。

（5）对整体画面进行最后修整之后，把家具按轮廓剪下，用纸粘度喷胶在纸背面喷涂，然后贴在一张白纸上，再转印一些说明性文字，效果图即可完成。

5. 马克笔技法

马克笔（Marker）是近年在建筑画中用得较多的工具，它做图快捷，效果清新又不失豪放，有很强的现代感，是建筑师、设计师及艺术工作者非常喜爱的工具（见图 5-16）。它的特点是轻松、快捷、简便。马克笔笔触流畅、透明、易干，马克笔的技法要领是速度以及上色位子的准确性，速度一般宜快不宜慢，快的笔触就会显得透明利索，有力度感，再则颜色也不会渗化，需要注意的是，把握好速度下笔触位置的准确性。马克笔还有一个特点就是色彩品种繁多，由于是参照色彩体系排列配制的，可直接选用，从而省去了调配色彩的麻烦，大大方便了作画者。

a）　　b）

c）

图 5-16　马克笔技法

马克笔着色前，先用针管型绘图笔或墨线刻画出形体轮廓线，然后上色，因为马克笔为油性，不会把针管型绘图笔所用的碳素墨水或墨线浸开。也有只着色不勾线的，显得色块强烈，别具一格。

上色时应选准颜色快速上色。可先画主体建筑的玻璃窗、墙面及阴影，然后再画天空、配景，并点缀人物及交通工具等。用笔应洗练准确，使笔触显得自然流畅；成片的色彩，用排色方法上色，使其既成色块，又留明显笔触。如果运用得当，则线、色呼应，物象生动活泼。

应选用不太吸水的光洁纸作画，如卡纸、硫酸纸等。如果纸张的吸水性太强或较粗糙（如水彩纸），会导致色彩灰暗，失去光泽，且造成笔触扩散，混淆不清。马克笔受笔触宽度的限制，故用马克笔作建筑画时，画幅不宜过大，控制在2号图幅为宜，因马克笔所含颜料为一次性使用，画幅过大太费色。马克笔也可同其他工具相结合，如以马克笔表现建筑的重点部分，而以水彩色或水粉色表现天空或地面等大面积部位，使其相得益彰，扬长避短。

6. 彩铅技法

彩色铅笔以水溶性的为好，因为比较细腻也很容易涂抹，彩色铅笔上色要讲究三个度：速度、力度、密度。①速度：由快到慢；②力度：由重到轻；③密度：由密到疏。可利用卫生纸或棉花棒将绘于画纸上的笔触抹平，呈现晕染均匀的效果（见图5-17）。

a） b） c）

d） e） f）

图5-17 彩铅技法

7. 喷绘渲染表现技法

喷绘渲染表现技法也是家具设计的重要表现方法，它的画面细腻逼真，近似于用照相机在真实空间拍摄的照片，几乎可以乱真。它以气泵产生空气压力，由喷笔喷射出细小的雾状色彩颗粒，通过特别的遮盖膜（有粘性的透明薄膜，美术用品商店有售）对部分画面的遮挡，画出大面积的色彩关系和光影变化，最后再通过小笔的勾勒和点画，表现出细部和质感。喷笔离纸面的远近、色彩颗粒的粗细配合可以产生出不同的艺术效果，应充分利用（见图5-18）。

8. 计算机技法

计算机技法是用高科技的手法，采用二维或三维图形的各种功能技巧，通过建模、剪辑、移植、置换、配置色彩、灯光渲染等操作，使设计效果图达到一种犹如现场实景照片的感觉，从而为设计市场所普遍认可。计算机操作技巧属于一种技能，是永远不能代替艺术家的创意想象的，但计算机的表现技法确实可以帮助我们完成设计的构想，做出一些手工绘制短时间难以完成的效果，如点彩效果、版画效果、素描效果、浮雕效果等，加上计算机绘制的表现图有可以重复修改、多次打印的技术优势，随着电脑技术的发展，其表现的技法会更好更多，目前主要有以下几种方法。

图5-18 喷绘渲染家具效果图

（1）二维剪辑法：将具有相似形态的图片通过扫描仪输入计算机，利用 Photoshop 等软件，去除不需要的物体造型，重新加入需要的物体造型，拼接成新的图面，这些图面一般较为生硬，有拼接痕迹，必须再施以喷绘、复制、拓印等技术性手段，弥合新图片之间的破绽，完成新图面的制作。

（2）三维建模法：利用 AutoCAD、3DsMAX 等软件，建立起模拟空间，将空间中的物体逐个建模，选择合适的材质，设置在各个界面及物体造型之上，然后选择一定的透视角度和灯光投射方向，整体地调节光线、色调、质感，以达到完美效果。

三维电脑绘制步骤如下。

1）建立模型：根据已经确定尺寸的平、立、剖面图建立模型。

2）设置场景：选择适当的相机及透视角度、合适的视距，并设置灯光照明方式和方向。

3）编辑材质：根据设计要求，赋予各物体相应的色彩和材质。

4）渲染出图：调整色彩和材质，渲染画面，三维出图（见图 5-19）。

a）

b）

c）

图 5-19　计算机制作的家具效果图

在学习设计表现技法的过程中，需要注意以下几个原则：

第一，对于不同的表现内容应采取不同的方法，表述的语言不要受制约，应以准确、快速、经济为准则。

第二，通过对多种表现技法的学习、试验，最后可集中在一两种最适合自身个性并具有广泛适应力的表现技法上。

第三，表现技法具有艺术的欣赏价值，但它不是艺术作品，其主要功能是“图解”的作用，要有合理、感人的内容，不要试图炫耀技巧来达到某种不实际的效果，应使人注意的是作品表现的形式与内容，而不是作品是如何制作的。

5.2 家具设计图

家具设计图是反映设计人员构思、设想的家具图样，从构思的草图中确定最佳设计方案后，按照一定的比例和尺寸绘制出的图形，主要由三视图、透视图以及必要的文字说明组成（见图 5-20 至图 5-22）。家具设计图属于技术文件，从图样管理和绘图要求上，图纸幅面、图框、标题栏、比例、线型等均应遵循 QB/T1338—1991《家具制图》绘制。

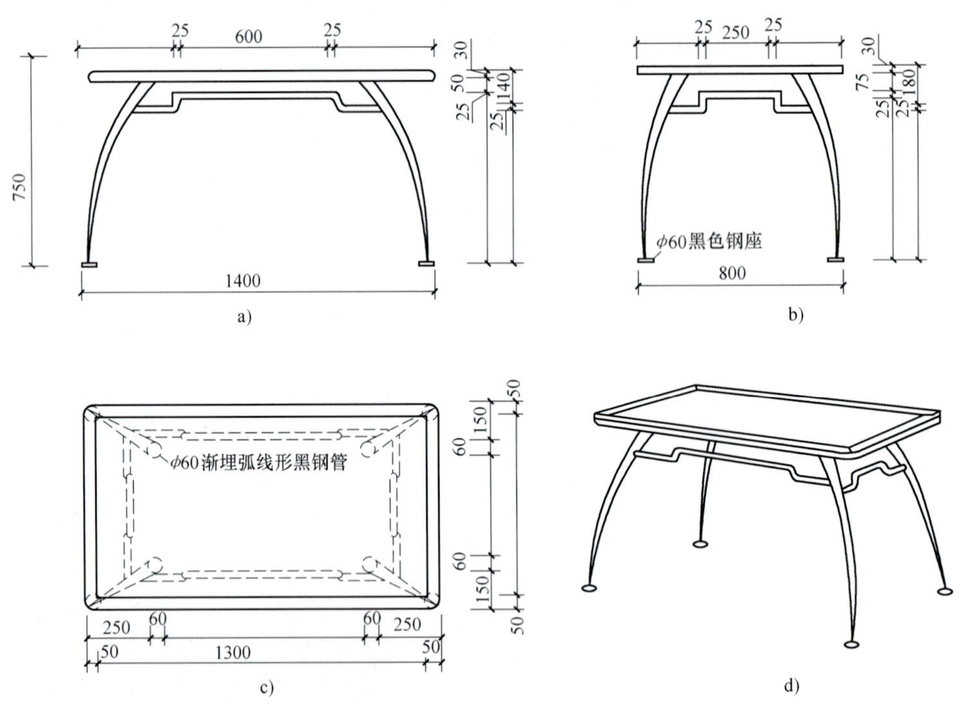

图 5-20　茶几设计图

5.2.1 三视图及尺寸标注

三视图是工程制图中绘制物体形状的最基本的画法，是根据正投影法的理论绘制的。三

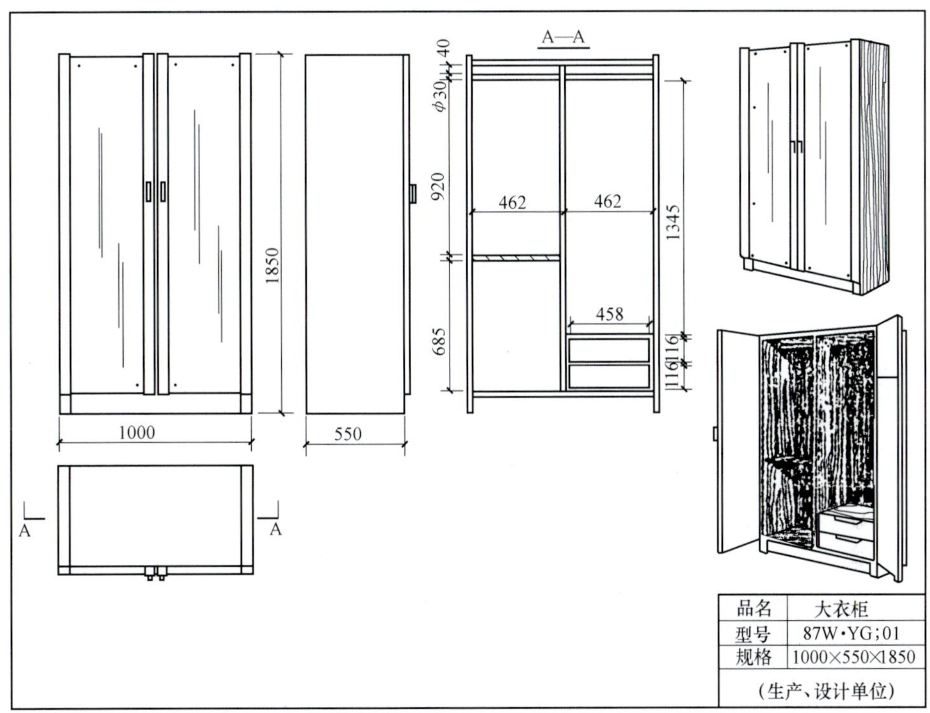

图 5-21　大衣柜设计图

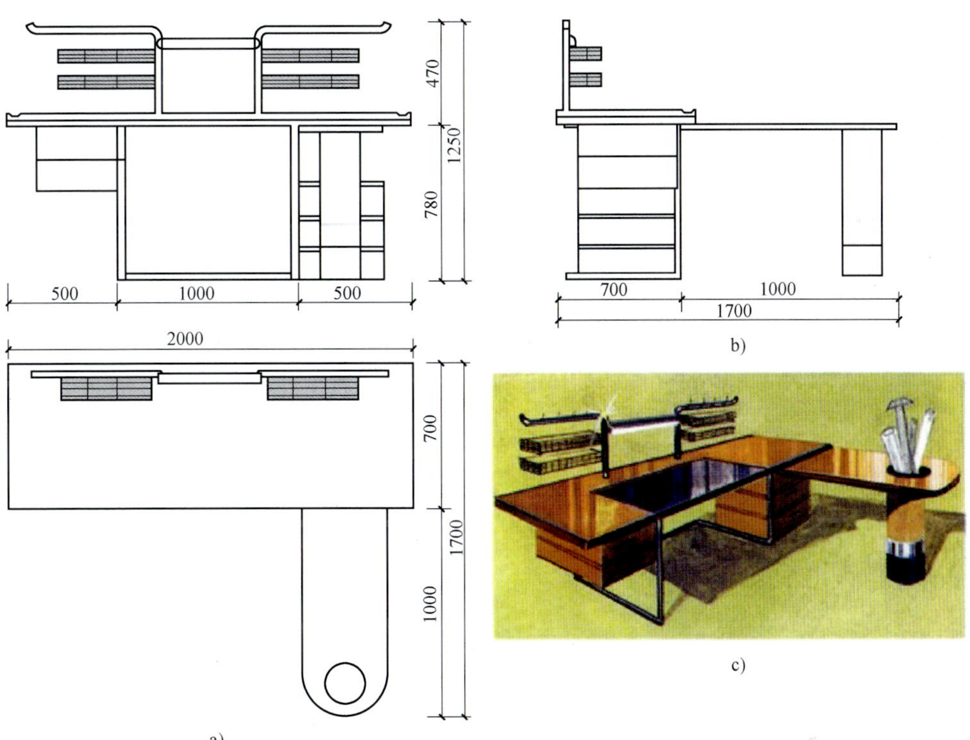

图 5-22　办公桌设计图

视图是由所画的主视图、俯视图以及侧视图（通常选用左视图）三个视图组成（见图5-23）。

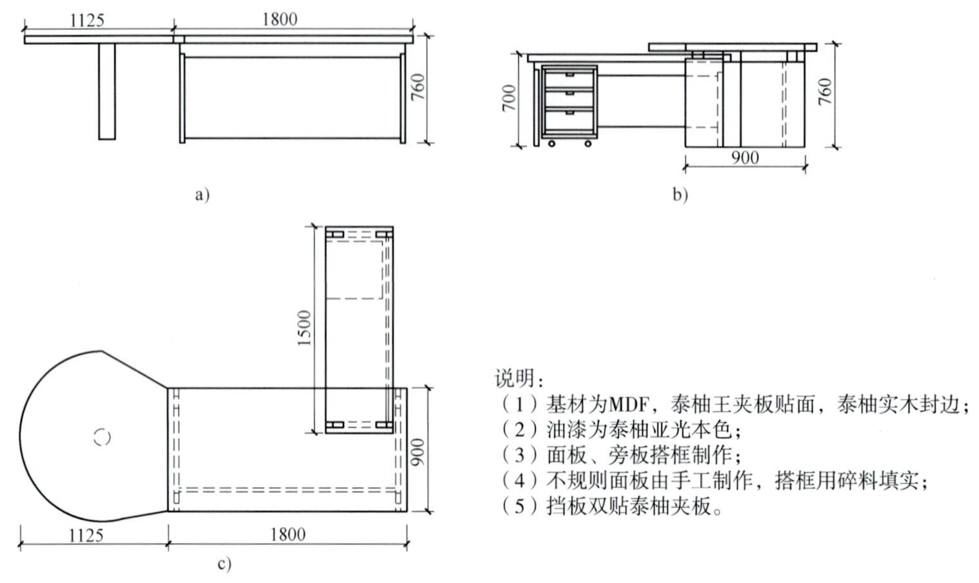

图 5-23　大班台三视图

在家具视图中，主视图反映所画家具的宽度和高度，俯视图反映所画家具的宽度和深度，侧视图反映所画家具的高度和深度。对于比较复杂的家具，用三视图不能完整、清楚地表达它们的内外形状时，可以增加新的视图，但要在图纸中标明。

看三视图时，要把几个视图联系起来看，并明确视图中图线的含义，善于构思和想象家具的形体特征。

绘制视图时，要按照设计要求的比例和尺寸绘制主视图、侧视图和俯视图，并注意三个视图之间的等量关系。要注意选择反映家具信息量最多的视图作为主视图。此外，家具设计图中通常只画家具的外形视图，对于家具制品的内部及结构，必要时可采用剖视图、局部详图等图样来表示。

尺寸是设计图样的重要组成部分，也是进行生产的依据，尺寸标注错误将会影响生产。因此国家标准对尺寸画法、标注都做了较详细的规定。

设计图的尺寸不必标注太多，根据图样的功能来确定标注尺寸的数量。但家具的总体轮廓尺寸及功能尺寸要在设计图中标注，总体轮廓尺寸即家具的宽度、深度与高度；功能尺寸主要表示该家具使用功能方面的尺寸。这两类尺寸不是完全分开的，有些尺寸同属于两类，如桌高、椅座面高度、座面深度等。如有必要还应标注某些特征尺寸，如重要造型曲线的尺寸。

5.2.2　透视图

各种美术形式都很讲究角度与透视，它是美学理论中一个重要的组成部分。绘画艺术一般都要求在二维空间的平面上表现三维空间的立体感，如同样的物体近大远小等。所以，透视规律在画面构图上的运用起着决定性的作用，透视变化是绘画构图变化的现实依据。透视图简称透视，属于单面投影，它是用中心投影法绘制的。

透视图的形成过程（见图 5-24）可看作是人的眼睛透过一个透明的平面来观察形体，然后把观察到的视觉印象描绘在该平面上，这样就可得到一幅反映这个空间形体的平面图像，用这种原理绘制的图形，接近人的视觉印象，极富立体感且形象逼真，其特点是近大远小、近高远低、近宽远窄，是设计人员绘制表现图的基础。掌握透视图的画法是家具设计人员必须具备的一项基本能力。

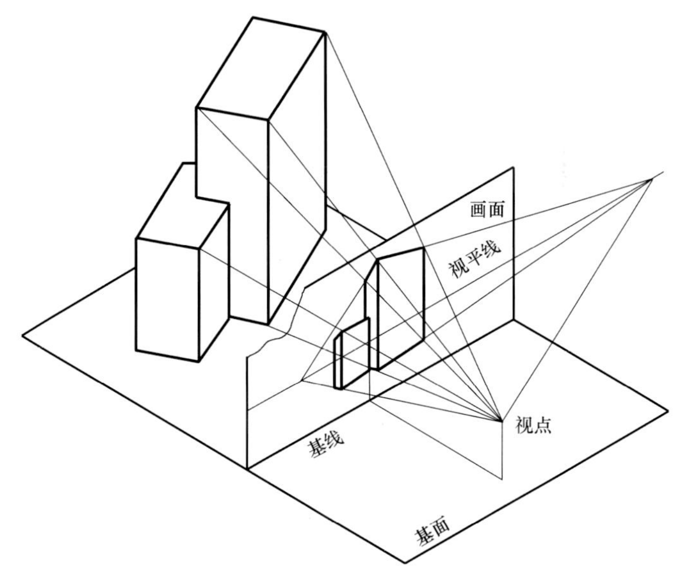

图 5-24　透视图的形成

绘制透视图常用的方法有一点透视、两点透视和三点透视。

一点透视是最简单的透视规律。一个物体上垂直于视平线的纵向延伸线都汇集于一个灭点，而物体最靠近观察点的面平行于视平面，也叫平行透视（见图 5-25）。

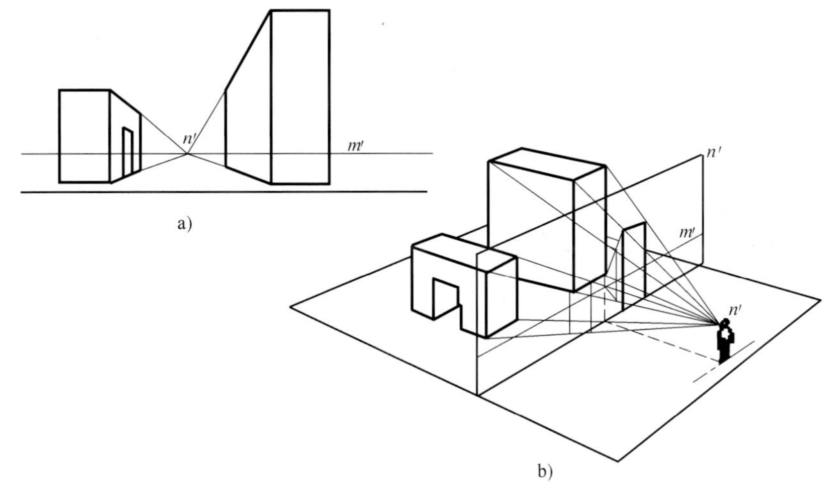

图 5-25　一点透视

两点透视也是常用的基本透视规律，一个物体平行于视平线的纵向延伸线按不同方向分别汇集于两个灭点，物体最前面的两个面形成的夹角离观察点最近，这样的透视关系叫两点透视，也叫成角透视（见图5-26）。绘制家具透视图最常用的是两点透视。

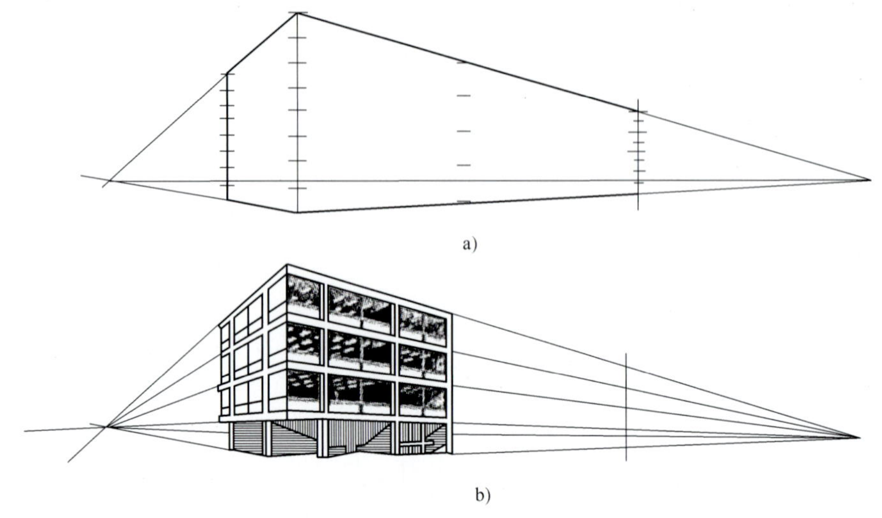

图5-26　两点透视

在两点透视的基础上，所有垂直于地平线的纵线的延伸线都汇集在一起，形成第三个灭点，这种透视关系叫三点透视（见图5-27）。这种透视关系只限于仰视或俯视。

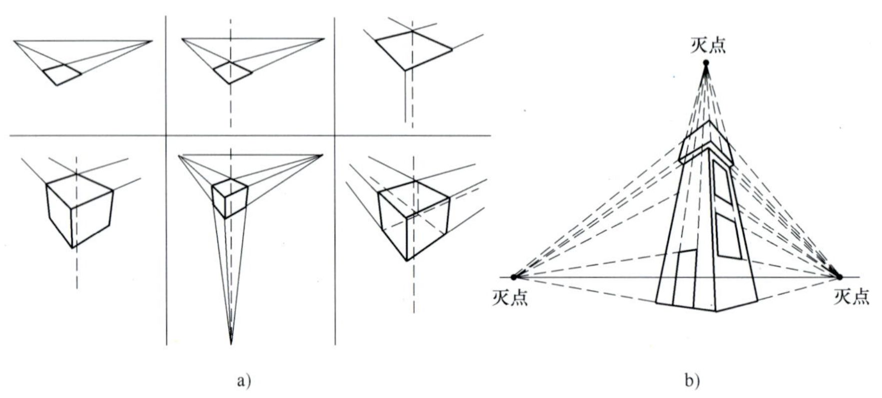

图5-27　三点透视

5.3　家具生产图

家具生产图是指导产品从设计到成品的最重要的技术文件之一，是整个家具生产工艺过程和产品质量检验的基本依据。绘制家具生产图的方法是先绘制家具装配图，根据家具装配图画出家具部件图，画出制造各部件所需要的家具零件图，可能还会根据需要绘制开料图、拆装图、包装图等。

5.3.1 家具装配图

家具设计图主要反映家具的造型及功能，而家具装配图主要描述家具的内外详细结构，包括零部件的形状，以及它们之间的连接方法。随着生产方式的不同和批量生产规模的扩大，要求组织部件、甚至是零件的专业化生产，这就需要与之配套的部件图和零件图，这样家具装配图的内容简化、数量减少，逐渐成为单一功能的装配图。

家具装配图内容主要有：视图、尺寸、局部详图、零部件明细表、技术条件等。

1. 视图

家具装配图的视图（见图 5-28）由一组基本视图、一定数量的局部详图，及个别零件图、部件图所组成。外形简单或者已经有设计图的家具，其家具装配图中的视图一般以剖视图的形式出现。局部详图用来详细表达家具的主要结构，还有某些因基本视图中太小无法表达清楚的局部结构。如果家具中某些零件、部件不是外购又没有相应的零部件图，就需要在结构装配图中表示清楚。

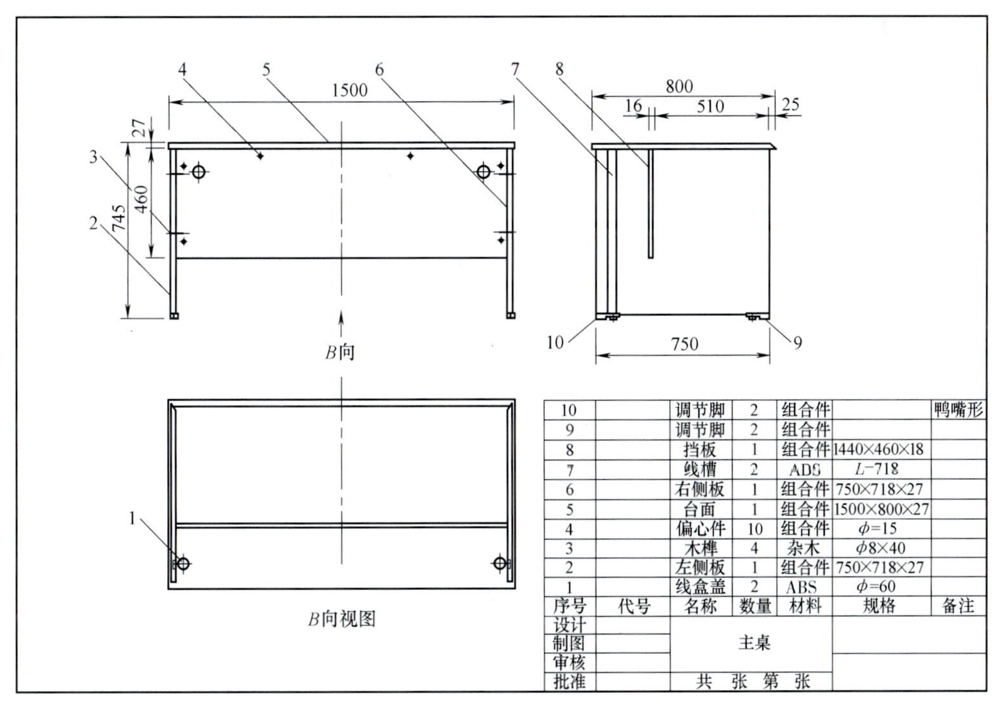

序号	代号	名称	数量	材料	规格	备注
10		调节脚	2	组合件		鸭嘴形
9		调节脚	2	组合件		
8		挡板	1	组合件	1440×460×18	
7		线槽	2	ADS	L−718	
6		右侧板	1	组合件	750×718×27	
5		台面	1	组合件	1500×800×27	
4		偏心件	10	组合件	ϕ=15	
3		木榫	4	杂木	ϕ8×40	
2		左侧板	1	组合件	750×718×27	
1		线盒盖	2	ABS	ϕ=60	

设计		主桌	
制图			
审核			
批准		共 张 第 张	

图 5-28 家具装配图

2. 尺寸

家具装配图用图形表示形状，要详细地标注尺寸，制造家具所需要的尺寸通常都应在图中能够找到。结构装配图的尺寸包括家具的轮廓尺寸、零部件尺寸、零部件的定位尺寸等。

3. 零部件明细表

零部件明细表是包括生产家具的所有零件、部件、附件、所需其他材料等内容的材料清单。通常包括：零部件名称、数量、规格、尺寸、代号等，其格式根据生产的实际需要制订，无统一标准。明细表中所列的零部件尺寸均为加工完成的净料尺寸（见图 5-29）。零部件明细表可单独绘制，也可直接画在家具装配图中。

10		调节脚	2	组合件		鸭嘴形
9		调节脚	2	组合件		
8		挡板	1	组合件	1440 × 460 × 18	
7		线槽	2	ABS	L=718	
6		右侧板	1	组合件	750 × 718 × 27	
5		台面	1	组合件	1500 × 800 × 27	
4		偏心件	10	组合件	ϕ=15	
3		木榫	4	杂木	ϕ8 × 40	
2		左侧板	1	组合件	750 × 718 × 27	
1		线盒盖	2	ABS	ϕ=60	
序号	代　号	名　称	数量	材　料	规　格	备　注
设计			主　桌			
制图						
审核						
批准			共　张　　第　张			

图 5-29　零部件明细表

4. 技术条件

指达到设计要求的质量指标，其内容有的可以在图中标出，有些只能用文字描述，如家具尺寸精度、形状精度要求、表面装饰要求等。

5.3.2　家具部件图

家具部件一般由若干个零件组成，例如抽屉可以作为部件，它由屉面板、屉侧板、屉背板和屉底板等零件组成。家具部件图（见图 5-30）就是为了加工家具部件使用的工程图样，主要是为了部件的工艺加工，便于按部件组织生产。

家具部件图的画法与结构装配图一样，为表示部件内外结构，可以采用基本视图、剖视图、局部详图等表达方法。部件图应有图框、标题栏等内容。

5.3.3　家具零件图

家具零件图（见图 5-31）是最基本的家具设计施工图样。家具零件图是描述家具零件的详细形状及零件的全部加工结构的家具图样文件，主要是为了零件的工艺加工。

家具零件图必须满足“完整、清晰、简便、合理、正确、规范”的原则，这是设计者设计图纸和审核者审阅图纸的重要依据。

5.3.4　家具大样图

家具大样图（见图 5-32）是描述具有复杂型面或型边零件的详细形状和工艺特点的家具图样，是零件图的特殊形式。家具大样图所描述的零件的形状一般无法用尺寸标注进行详细描述。

家具大样图一般采用 1∶1 的比例进行绘制。

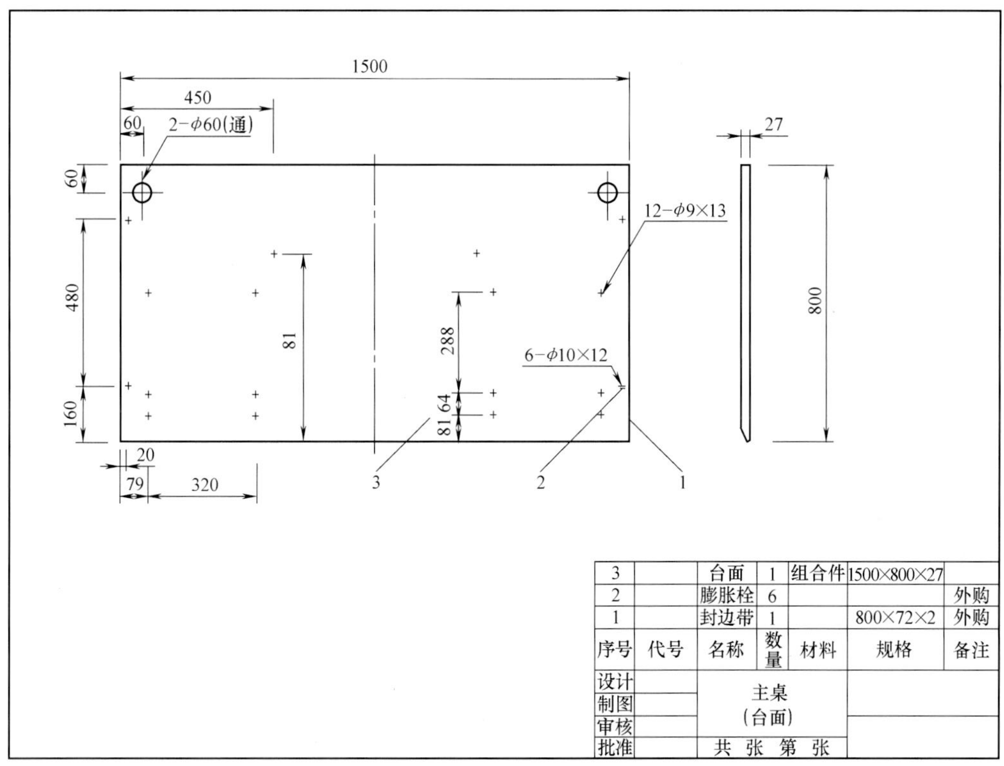

图 5-30　家具部件图

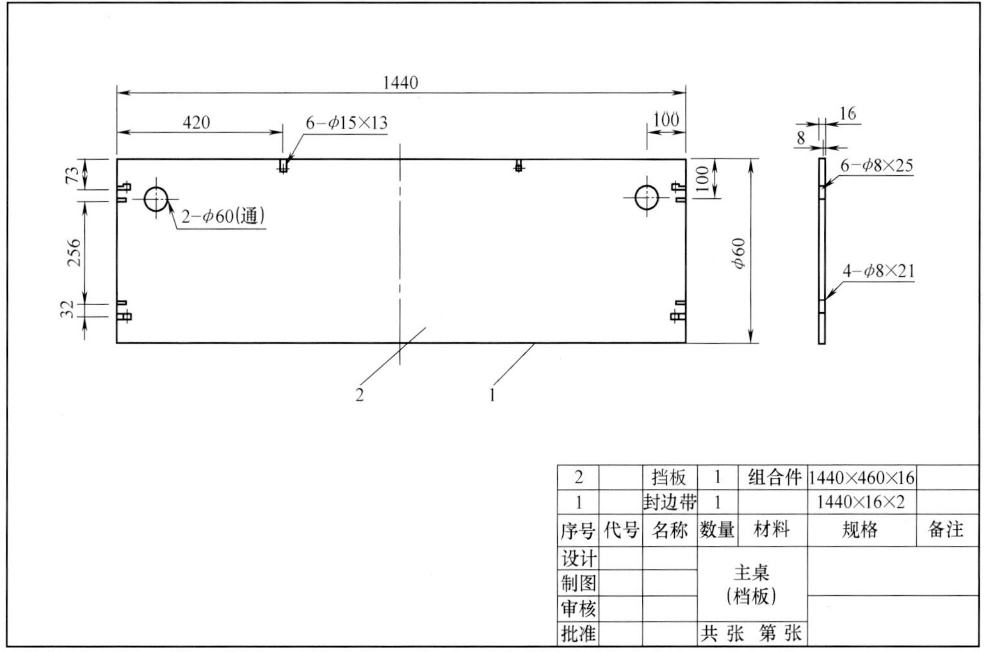

图 5-31　家具零件图

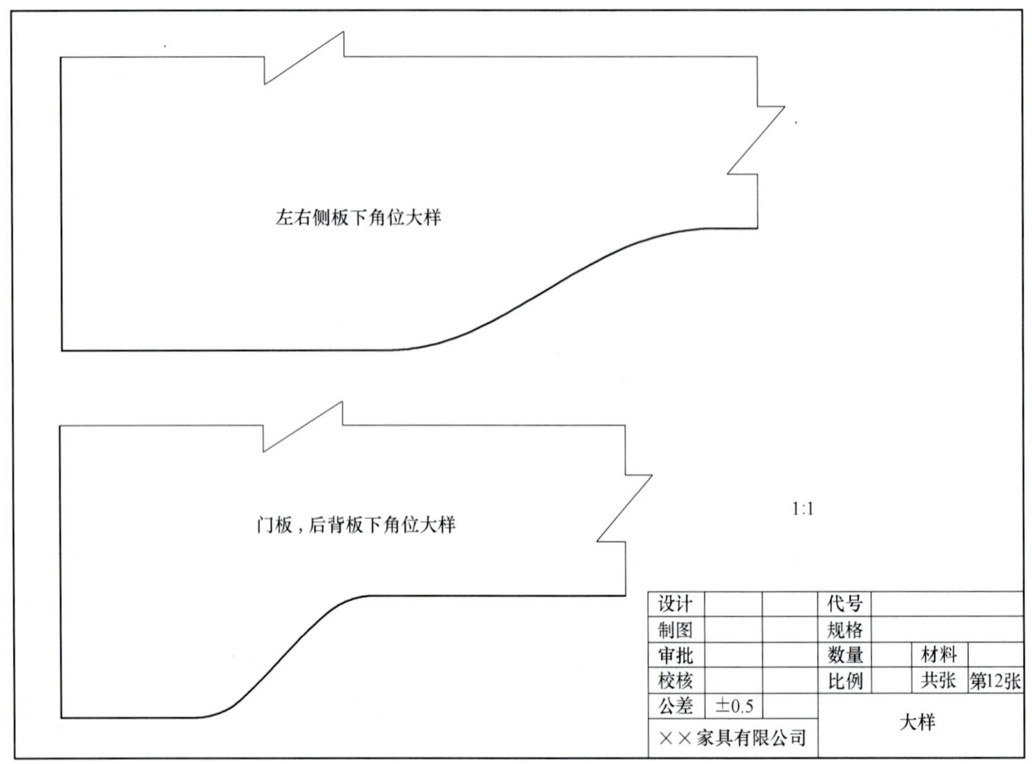

图 5-32　某家具零件大样图

5.3.5　家具装配图（拆装图）

将一件家具需要的所有零部件按照一定的组合方式装配在一起的家具结构装配图，简称装配图。装配图是描述家具零部件的详细装配特点的家具图样文件。主要是为了指导家具的零部件装配和成品的安装（见图 5-33 和图 5-34）。

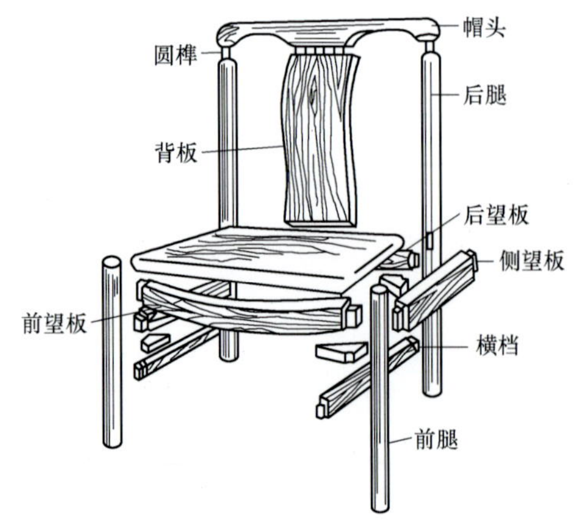

图 5-33　实木家具装配图

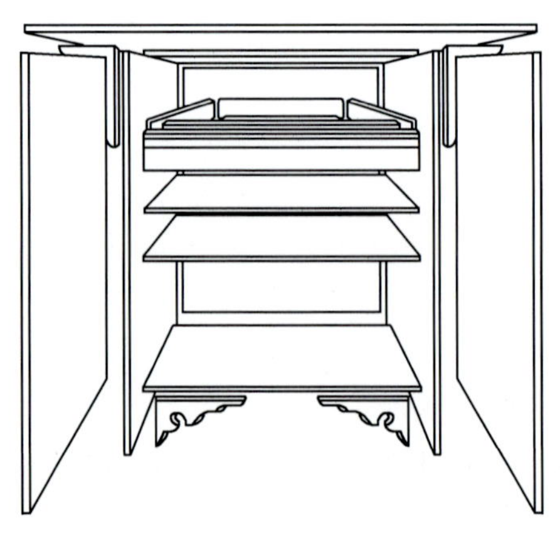

图 5-34　板式家具装配图

5.3.6 开料图

对于现代板式家具生产来说，开料图（见图5-35）是重要的基础性技术文件之一。家具开料图是描述家具零部件的详细开料程序的家具图样文件，主要是为了提高家具材料的利用率、降低材料成本、提高生产效率。绘制开料图时，可从材料优先或效率优先的不同角度进行考虑。

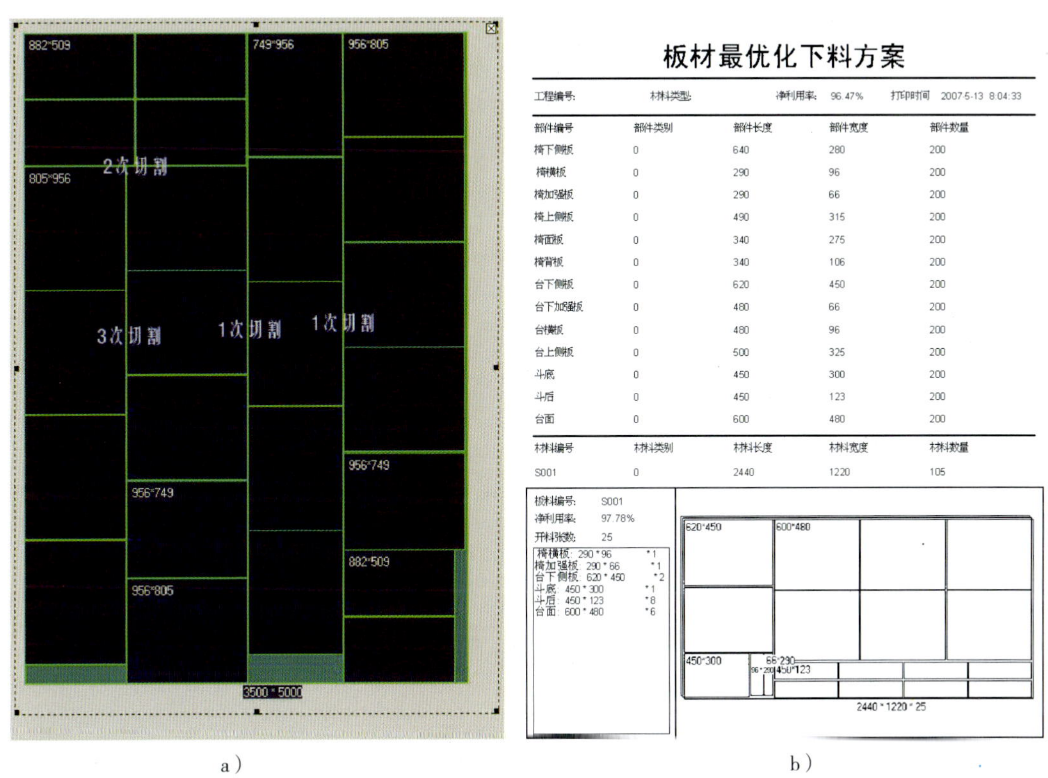

板材最优化下料方案

工程编号：　材料类型：　净利用率：96.47%　打印时间　2007-5-13 8:04:33

部件编号	部件类别	部件长度	部件宽度	部件数量
椅下侧板	0	640	280	200
椅横板	0	290	96	200
椅加强板	0	290	66	200
椅上侧板	0	490	315	200
椅面板	0	340	275	200
椅背板	0	340	106	200
台下侧板	0	620	450	200
台下加强板	0	480	66	200
台横板	0	480	96	200
台上侧板	0	500	325	200
斗底	0	450	300	200
斗后	0	450	123	200
台面	0	600	480	200

材料编号	材料类别	材料长度	材料宽度	材料数量
S001	0	2440	1220	105

板料编号：S001
净利用率：97.78%
开料张数：25

椅横板：290*96　*1
椅加强板：290*66　*1
台下侧板：620*450　*2
斗底：450*300　*1
斗后：450*123　*8
台面：600*480　*6

图5-35　开料图及开料方案

5.3.7 家具使用说明书

根据中华人民共和国国家标准GB 5296.6—2004《消费品使用说明　第6部分：家具》中的有关规定，出售的家具必须具备使用说明（标签、标牌、使用说明书等）。

家具使用说明书的主要内容包括：

1. 概述

（1）家具名称。

（2）主要用途及适用范围（必要时包括不适用范围）。

（3）品种、规格。

（4）型号及其组成含义。

（5）使用环境条件。

（6）对环境的影响。

（7）安全。

（8）执行的标准编号。

（9）生产日期。

2. 结构特征与使用原理

（1）总体结构及其使用原理、特性。

（2）主要部件或功能单元的结构、作用及其使用原理。

（3）各单元结构之间的联系、系统工作原理。

（4）辅助装置的功能结构及其工作原理、工作特性。

3. 技术特性

（1）主要性能。

（2）主要参数。

4. 尺寸

（1）外形尺寸。

（2）安装尺寸。

5. 材料

（1）主要原辅材料（如基本材料、表面装饰材料、装填料）的名称、特性、等级、产地、使用位置等。

（2）涂料及粘合剂名称及有关情况。

（3）有害物质的控制指标。

6. 安装、调整

（1）安装条件及安装的技术要求。

（2）安装程序、方法及注意事项。

（3）调整程序、方法及注意事项。

（4）安装、调整后的验收试验项目、方法和判据。

7. 使用

（1）使用方法。

（2）注意事项及容易出现的错误使用和防范措施。

8. 故障分析与排除

（1）故障现象。

（2）原因分析。

（3）排除方法。

9. 保养

（1）日常保养方法。

（2）定期保养方法。

（3）长期不用时的保养方法。

10. 搬运、贮存

（1）搬动、运输注意事项。

（2）贮存条件及注意事项。

11. 开箱及检查

（1）开箱注意事项。

（2）检查内容。

12. 图、表、照片

（1）外形（外观）图、安装图、布置图。

（2）结构图。

（3）原理图、电路图、示意图。

（4）各种附表：附件明细表、专用工具明细表。

（5）照片。

13. 其他

（1）质量级别。

（2）生产厂保证、售后服务事项。

（3）需要向用户说明的其他事项。

14. 生产者名称、通信信息

（1）企业名称、生产者名称、进口代理商、经销商名称。

（2）地址、邮政编码、电话、电子信箱等。

5.4 家具设计报告书

家具新产品开发设计是一项系统设计，当产品开发设计工作完成后，为了全面记录设计过程，为了更系统地对设计工作进行理性总结，更全面地介绍推广新产品开发设计成果，为下一步产品生产做准备，编写新产品开发设计报告显得非常重要，这也是现代设计师必须具备的一项专业技能，它既是开发设计工作和最终成果的形象记录，又是进一步提升和完善设计水平的总结性报告。

新产品设计报告书首先必须有一个概念清晰的编目结构，将整个设计进程中的主要环节定为表述要点，运用不同的表达手法层层推进，要求概念清晰、文字精炼、数据准确、图表翔实、图文并茂，主题明确、视觉传达形象直观、版式封面设计讲究、装订工整。

在具体表述内容的构成上，文字要简练、可读性强、把抽象的概念图形化、把数据内容设计成图表模型、围绕产品开发的构成重点突出主题。

要把产品开发的主要核心内容作为编写的要点，并从这些核心内容上扩展出产品开发的各项实质内涵。从设计项目的确定、市场资讯调研与分析、设计定位与设计策划、初步设计草图创意、深化设计细节研究、效果图与模型、生产工艺图等层层推进最终展现整个产品开发设计的完整过程。

家具设计书的主要内容有：设计项目的确定、项目时间进度计划、市场调研分析、设计定位与策划、初步设计创意草图、设计深化（人体工程学分析、色彩设计、材料选用等）、细节设计、设计说明、制图和效果图、模型（虚拟模型或实体照片）、生产工艺分析、产品包装、家具产品说明书等，以展现整个家具的全貌，也可根据实际情况，选择相应的部分编写。另外，报告书还要求版式封面设计精美，装订工整。

本章小结

本章主要要求学生掌握手绘创意草图、生产图的能力及成套工艺图纸的设计表达能力，要求学生学习并掌握各种不同介质的家具设计表现技法及方法步骤，家具设计报告书包括设计课题的确定，家具新产品开发与设计的程序方法，形成家具设计开发的能力，包括市场调研的能力，撰写设计报告书与设计策划书的文案能力，以及初步的新产品市场营销、展示设计能力。

思考题与习题

1. 家具设计草图的类型和用途是什么？
2. 家具设计表现图的特点是什么？
3. 家具设计表现图的表达方法有哪些？
4. 家具设计图包括哪些内容？有什么样的要求？
5. 家具生产图的类型有哪些？分别有什么样的用途？
6. 家具设计报告书主要包括哪些内容？

第6章　人体工程学与家具尺寸

学习目标：

1. 了解人体工程学的概念和发展历史。
2. 了解人体工程学与家具设计的关系。
3. 掌握家具尺寸设计要点。

学习重点：

各类家具的尺寸设计。

学习建议：

理解并运用所学知识，从以人为本的角度出发，设计出各类主要家具的尺寸。

家具一般是室内环境中所占比例最大的物品，它的选用与布置，对整个空间的分隔，对人的活动及生理、心理上的影响是不可忽略的，因此，人体工程学与家具设计有着密切的联系。

6.1　人体工程学基础

人体工程学，也叫人体工学、人类工程学、人类工效学，是20世纪50年代前后发展起来的一门新学科。人体工程学（Ergonomics），它是由希腊文“Ergon”（工作）和“Nomos”（规律）结合而来的，因此Ergonomics的含义是人的工作规律问题。也就是说，这门学科是研究人在生产和工作中合理地、适度地劳动的问题。随着社会的进步、科技的发展、学科的交叉，其内涵和外延都在变化。

6.1.1　人体工程学的定义

我国对人体工程学下的定义是：人体工程学是一门新兴的边缘学科。它是运用人体测量学、生理学、心理学和生物力学以及工程学等学科的研究方法和手段，综合地进行人体结构、功能、心理以及力学等问题研究的学科。用以设计使操作者能发挥最大效能的机构、仪器和控制装置，并研究控制台上各个仪表最合适的位置。

国际人类工效学学会（International Ergonomics Association，简称IEA）为人类工程学下的定义是：人体工程学是研究人在某种工作环境中的解剖学、生理学和心理学等方面的各种因素；研究人和机器及环境的相互作用；研究在工作中、家庭生活和休闲时怎样统一考虑工作效率、人的健康、安全和舒适等问题的学科。

从上面的定义我们可以看出，人体工程学是研究人、机器、环境三者之间的关系，以便使人工作、学习、生活的更有效、更安全、更舒适的一门介于心理学、生理学、人体测量学、工程技术和管理之间的边缘学科。

6.1.2 人体工程学的发展

人体工程学起源于欧美，工业社会中，在开始大量生产和使用机械设施的情况下，探求人与机械之间的协调关系。第二次世界大战中的军事科学技术，开始将人体工程学的原理和方法运用在坦克、飞机的内舱设计中，比如，如何使人在舱内有效地操作和战斗，并尽可能使人长时间地在小空间内减少疲劳，即处理好“人—机—环境”的协调关系。第二次世界大战后，各国把人体工程学的实践和研究成果，迅速有效地运用到空间技术、工业生产、建筑及室内设计中去，1960 年创建了国际人体工程学协会。

当今社会重视“以人为本”、为人服务，人体工程学强调从人自身出发，在以人为主体的前提下研究衣、食、住、行以及在一切生活、生产活动中进行综合分析的新思路。

6.1.3 人体工程学的内容

人体工程学是以人体解剖学、生理学和心理学等为基准，综合多学科来研究人与环境的各种关系，使生产器具、生活器具、生活环境、工作环境等与人体功能相适应的一门综合性交叉学科。人体工程学的内容包含生理与心理两方面的内容。从生理角度看，主要研究依靠人体的结构，找出与设计物的比例关系，根据人体结构的基本参数进行各领域的设计活动，满足人们的物质需求。从心理角度看，研究色彩、线条、空间、形状、声音、气味、肌理等客观因素对人的感情、运动、意志、行为等方面的影响，从而在具体的设计中注意造型、色彩、环境等因素，使设计更科学、更合理，满足人们的精神需求。目前，作为一门独立的指导性学科，人体工程学已广泛应用于现代的工业产品设计，它一方面寻求最大的安全性、可靠性、舒适性及最高的效率；另一方面把美学因素同技术因素结合起来，达到功能美、结构美、材料美、形式美四方面的统一，对设计有极大的促进作用。

6.1.4 家具设计与人体工程学的关系

作为一门独立的指导性学科，人体工程学已广泛应用于现代的工业产品设计，在家具设计中的应用也正臻成熟。家具产品本身是服务于人的，所以，家具设计中的尺寸、造型、色彩以及其布置方式，都必须符合人体生理、心理需要及人体各部分的活动规律，以便达到安全、实用、方便、舒适、美观的目的。人体工程学在家具设计中的应用，就是特别强调家具在使用过程中对人体的生理及心理反应，并对此进行科学的实验和计测，在进行大量分析的基础上为家具设计提供科学的依据。同时，把人的工作、学习、休息等生活行为分解成各种姿势模型以研究家具设计，根据人的立位、坐位和卧位的基准点来规范家具尺寸及家具间的相互关系。

具体地说，在家具尺寸的设计中，柜类、不带座椅的讲台及桌类的高度设计以人的立位基准点为准；坐位使用的家具，如写字台、餐桌、座椅等以坐位基准点为准；床、沙发以及榻等卧具以卧位基准点为准。如设计座椅高度时，就是以人的坐位（坐骨结节点）基准点为准进行测量和设计，高度常定在 390 ~ 420mm 之间。因为高度小于 380mm，人的膝盖就会拱起，从而引起不舒适的感觉，而且起立时显得困难；高度大于 500mm 时，体压分散至大腿部分，使大腿内侧受压，下腿肿胀等。另外，座面的宽度、深度、倾斜度、靠背弯曲度都无不充分考虑了人体的尺寸及各部位的活动规律。在柜类家具的深度设计、写字台的高度及容腿空间、床垫的弹性设计等方面也无不以人为主体，从人的生理需要出发。

家具的造型设计、材料的选用及搭配、装饰纹样、色彩图案等则更多地考虑了人的心理需要。如老年人房间的家具一般造型端庄、典雅、色彩深沉、图案丰富；青年人房间的家具一般造型简洁、轻盈、色彩明快、装饰美观；小孩房间的家具一般色彩跳跃、造型小巧圆润等。材质的软硬、色彩的冷暖、装饰的繁简等都会引起人们不同的心理反应，所以，现代家具设计因人而异，会更讲究个性化，定做方式的家具设计与生产将更多地出现在家具的生产与流通中。

良好的家具设计可以减轻人的劳动，节约时间，使人身体健康、心情愉悦，而良好的家具设计得益于正确地使用人体工程学原理。

6.2 家具尺寸设计

对设计者而言，确定恰当的家具尺寸是运用人体工程学到家具设计中的第一步，也是极其重要的一步。为了使人们在使用家具时处于一种舒适和易于操作的状态，必考虑人体的尺度。

6.2.1 人体尺寸

在家具设计中，人体尺寸是最基本和核心的要素。通过人体测量可为设计者提供人体身高以及人体各部分尺寸，并以此研究各类家具尺寸与人体尺寸之间的关系，从而使人与家具处于一种最佳状态。人体尺寸是人体工程学研究的最基本的数据之一。人体尺寸的测量可分为两类，即构造尺寸和功能尺寸。

1. 构造尺寸

构造尺寸是指静态的人体尺寸，它是人体处于固定的标准状态下测量的。可以测量许多不同的标准状态和不同部位，如手臂长度、腿长度、座高等。它对与人体直接关系密切的物体有较大关系，如家具、服装和手动工具等。

人体尺寸是最基本的资料，随年龄、性别、地区等的不同而各不相同，同时，随着人们生活水平的逐渐提高，人体的尺寸也在发生变化，因此，要有一个全国范围内的人体各部位尺寸的平均测定值，这是一项繁重而细致的工作。中华人民共和国国家标准 GB/T 10000—1988《中国成年人人体尺寸》，可作为设计时的参考（见表 6-1）。

2. 功能尺寸

功能尺寸是指动态的人体尺寸，是人在进行某种功能活动时肢体所能达到的空间范围，它是在动态的人体状态下测得的，是由关节的活动、转动所产生的角度与肢体的长度协调产生的范围尺寸，它对于解决许多带有空间范围、位置的问题很有用。虽然结构尺寸对某些设计很有用处，但对于大多数的设计问题，功能尺寸有更广泛的用途，因为人总是在运动着，人体结构是活动的、可变的，而不是僵硬不动的结构。在使用功能尺寸时强调的是在完成人体的活动时，人体各个部分是不可分的，不是独立工作的，而是协调运动的。例如，手所能达到的限度并不是手臂尺寸的唯一结果，它会受到肩的运动和躯体的旋转、背的弯曲等的影响。

表 6-1 我国人体主要尺寸及体重

测量项目			男（18～60 岁）			女（18～55 岁）		
			5%	50%	95%	5%	50%	95%
主要尺寸	立姿/mm	1. 身高	1583	1678	1775	1484	1570	1659
		2. 眼高	1474	1568	1664	1371	1454	1541
		3. 肩高	1281	1367	1455	1195	1271	1350
		4. 肘高	954	1024	1096	899	960	1023
		5. 手功能高	680	741	801	650	704	757
		6. 上臂长	239	313	338	262	284	308
		7. 前臂长	216	237	258	193	213	234
		8. 大腿长	428	465	505	402	438	476
		9. 小腿长	338	369	403	313	344	376
		10. 最大肩宽	393	431	469	363	397	438
	坐姿/mm	11. 坐高	858	908	958	809	855	901
		12. 眼高	749	798	847	695	739	783
		13. 肩高	557	598	641	518	556	594
		14. 肘高	228	263	298	215	251	284
		15. 臀膝距	515	554	595	495	529	570
		16. 膝高	456	493	532	424	458	493
		17. 小腿加足高	383	413	448	342	382	405
		18. 坐深	421	457	494	401	433	469
		19. 下肢长	921	992	1063	851	912	975
		20. 臀宽	295	321	355	310	344	382
	其他/mm	21. 手长	170	183	196	159	171	183
		22. 足长	230	247	264	213	229	244
体重/kg			48	59	75	42	52	66

由此可见，一件家具的尺寸关联着人体各个部位的构造尺寸，但也不能照搬这些尺寸，还要综合考虑功能尺寸。设计其实是一个不断重复、修正、创新及综合分析的过程，最终一步步逼近目标的技术。一个完美的设计，不仅要给人舒适的感觉，还要注重功能性的要求，人体工程学就是要求我们利用人体工程的原理及全面的数据，很好地运用人体的尺寸来进行设计。

6.2.2 家具尺寸

6.2.2.1 坐类家具尺寸设计

坐类家具包括凳子、椅子和沙发，它属于支撑人体类家具，在长期的历史发展中，它“坐”的功能在本质上没什么改变，对于不同时期和场合，无论是用餐、读书、休息还是办公，椅凳都用于支撑人们的各种坐姿，容纳人的身体。坐类家具的尺寸设计直接影响人们的身体健康和工作效率以及工作质量。不良的尺度设计，会改变人体的脊椎和椎间盘的压力，导致腰部疲劳和酸痛，甚至会改变人体骨骼和肌肉结构，使血液循环和神经组织过分受压。中华人民共和国国家标准 GB/T3326—1997《家具　桌、椅、凳类主要尺寸》及 GB/T14774—1993《工作座椅一般人类工效学要求》对坐类家具的主要尺寸作出了规定（见表 6-2 至表 6-5）。

表 6-2　扶手椅主要尺寸

扶手内宽 /mm	座深 /mm	扶手高 /mm	背长 /mm	尺寸级差 /mm	背斜角	座斜角
≥460	400 ~ 440	200 ~ 250	≥275	10	95° ~ 100°	1° ~ 4°

表 6-3　靠背椅主要尺寸

座前宽 /mm	座深 /mm	背长 /mm	尺寸级差 /mm	背斜角	座斜角
≥380	340 ~ 420	≥275	10	95° ~ 100°	1° ~ 4°

表 6-4　折椅主要尺寸

座前宽 /mm	座深 /mm	背长 /mm	尺寸级差 /mm	背斜角	座斜角
340 ~ 400	340 ~ 400	≥275	10	100° ~ 110°	3° ~ 5°

表 6-5　工作用椅主要尺寸

座高 /mm	座宽 /mm	座深 /mm	腰靠长	坐面倾角	腰靠倾角
360 ~ 480	370 ~ 420 推荐值 400	360 ~ 390 推荐值 380	320 ~ 340 推荐值 330	0° ~ 5° 推荐值 3° ~ 4°	95° ~ 115° 推荐值 110°

坐类家具在功能尺寸的设计上应考虑以下几个因素：椅凳的座高、座宽、座深、靠背与水平面的夹角、座面与水平面的夹角、扶手高度和椅凳垫性等。这些因素与人体的基本尺寸都有着密切的关系。

1. 座高

座高是指座面至地面的垂直距离。如果座面后倾或呈弧形，座高则指座位前沿中部至地面的垂直距离。座高是影响坐姿舒适程度的主要因素之一，座高不合理会导致坐姿的不正确而且容易使人体腰部产生疲劳。座高必须适中，过高则两足不能落地，使大腿前部近膝窝处软组织受压，时间久了会造成血液循环不畅，易使小腿发胀与麻木。如果过低，易使体压分布过于集中，人体呈前屈状，从而加大了背部肌肉的负荷，同时人体重心也较低，使人起立时感到困难。座高设计应避免上述两种情况，据研究，合适的座高应等于小腿窝高加上25 ~ 35mm 的鞋厚，再减去 10 ~ 20mm 的活动余地，即：座高 = 小腿窝高 + 鞋跟厚 − 适当间隙。国家标准规定椅座高为 400 ~ 440mm。休闲椅，如沙发等的座高可以低一些，使腿向前伸，靠背后倾，以有利于脊椎处于自然状态，身体保持稳定。

2. 座宽

座宽指座面的横向宽度。座宽应保证人体臀部得到全面的支持并有一定的活动余地，使人能随时调整坐姿，同时还应满足最宽的人体需要，并以妇女臀部宽度上限为标准。座宽一般不小于380mm。对于扶手椅而言，扶手内宽即座宽，它是人体平均肩宽加上适当余量而定，即：扶手前沿内宽 = 人体肩宽 + 冬衣厚度 + 活动余量，大概可确定为380～470mm。对于沙发等休息用椅扶手内宽一般要大于其他用椅。

3. 座深

座深是指座前沿到后沿的距离，座深对人体舒适感的影响很大，如座面过深，则背部支撑点悬空，使靠背失去作用，同时膝窝处会受到压迫；如座面过浅，则大腿前沿软组织受压，使大腿久坐而麻木。据研究，座深应略小于坐姿时大腿水平长度为宜。即：座深 = 坐姿大腿水平长 - 间隙（60mm）。一般情况下，座深尺寸在380～445mm之间；对于工作椅来说，由于工作时人体腰椎与骨盆之间成垂直状态，其座深可以浅一些，即350～400mm之间；对于沙发和其他休息用椅，由于靠背倾斜度较大，故座深可以大一些，即400～430mm。

4. 座面倾角与靠背倾角

座面倾角是指座面与水平面之间的夹角；靠背倾角即靠背与水平面之间的夹角。在椅子的使用过程中，座面倾角与靠背倾角的增加能增强人体的舒适感，一般来说，夹角越大，人体所获得的休息程度越高，因为身体向后仰时，身体的负载移向背的下半部和大腿部分。一般工作用椅座面倾角与靠背倾角较小，休息用椅则较大，而且休息程度越高其座面倾角与靠背倾角也越大。

5. 扶手高度

休息椅和部分工作用椅还需设扶手，其作用是减轻两臂和臀部的疲劳，也有助于上肢肌肉的休息。扶手的高度应与人体坐骨结节点到自然下垂的肘端下端的垂直距离相近。据人体测量统计值，扶手上表至座面的垂直距离以200～250mm为宜。同时扶手前端还应稍高一些，随坐面倾角与靠背倾角的变化，扶手倾斜度一般为10°～20°，而扶手在水平面左右偏角则在10°范围内为宜。

6. 垫性

座面形状一般而言与人坐姿时坐面所承受的大腿及臀部的压力形成的状态吻合。这样体压分布比较合理，压力集中于坐骨支承点部分，大腿只受轻微的压力。垫性就是起支承作用的与人体接触的垫层特性。软垫有两个重要作用，一是使体重在坐骨隆起部分和臀部产生的压力分布比较均匀；二是使身体坐姿稳定。垫性不是越软越好，太软的缺点是压力集中减少了，对身体结构的支承也减少了，因而增加了不稳定性。另外软的坐垫使身体下陷，想保持正确的坐姿和改变坐姿都很困难，容易使人疲劳。坐垫和靠背因支承部位不同，压力分布与体表感觉存在着差异，因而对垫性要求也不一样。试坐表明，靠背比坐垫柔软，感觉就比较舒服。另外，一般简易沙发的座面下沉量以70mm为宜，中大型沙发座面下沉量可达80～120mm；背部下沉量为30～45mm，腰部下沉量以35mm为宜。

随着人体工程学的不断发展，坐类家具功能尺寸的设计会更趋合理和完善。对不同类型的坐类家具一般按其功能要求设计不同的舒适性要求。如，现代办公人员在现代化条件下，因紧张工作所造成的心理压力对现代办公用椅的设计提出了新的要求，即对降低疲劳和提高舒适度提出了更高的要求。因此，现代办公用椅的设计应在明确办公人员的各种功能需求的基础上充分利用人体工程学的原理进行设计和开发，如，将办公椅的座面、靠背及扶手等几个关键部位设计成全方位可调，从而更有效地满足现代人的工作习惯，更大程度地降低疲劳和提高工作效率。

6.2.2.2 卧类家具尺寸设计

卧类家具主要指供人休息睡眠的床。不同尺寸的床与睡眠深度有着密切的联系，因此，床的尺寸设计将直接影响人们的身体健康、工作效率及工作质量。中华人民共和国国家标准GB/T3328—1997《家具　床类主要尺寸》对床类家具的主要尺寸作出了相应的规定（见表6-6和表6-7）。

表6-6　单层床主要尺寸　（单位：mm）

床面长		床面宽		床面高	
双床屏	单床屏			放置床垫	不放置床垫
1920 1970 2020 2120	1900 1950 2000 2100	单人床	720 800 900 1000 1100 1200	240～280	400～440
		双人床	1350 1500 1800		

表6-7　双层床主要尺寸　（单位：mm）

床面长	床面宽	底床面高		层间净高		安全栏板缺口长度	安全栏板高度	
		放置床垫	不放置床垫	放置床垫	不放置床垫		放置床垫	不放置床垫
1920 1970 2020	720 800 900 1000	240～280	400～440	≥1150	≥980	500～600	≥380	≥200

1. 床宽

床的宽窄直接影响人们睡眠时的翻身活动。研究发现，人处于将要入睡的状态时床宽需要500mm，由于睡后需要频繁地翻身，日本学者通过摄像机对睡眠时的动作进行调查研究后发现，不论是软床还是硬床，翻身所需要的幅宽约为肩宽的2.5～3.0倍。通过脑波（EEG）观测睡眠深度与床宽的关系，发现床宽的最小界限应是700mm。窄于这个宽度时，翻身次数与睡眠深度都会明显减少，影响睡眠质量，使人不能进入熟睡状态。床宽小于500mm时，翻身次数减少约30%，睡眠深度受到明显影响。试验表明，单人床的宽度为700～1300mm，双人床宽度为1500～2000mm时，睡眠情况较好。

2. 床长

床长指两床板内侧或床架内的距离。

3. 床高

床高指床面距地面的垂直高度。一般床高在400～500mm之间。双层床的层间净高必须保证下铺使用者在就寝和起床时有足够的运动空间，但又不能过高，过高了会造成上下床的不便和上层空间的不足。

4. 床屏

床的主要设计内容是床屏。床屏是床的视觉中心，是最具有视觉效果表现的部件。在人体工程学上，床屏要考虑到对人体的舒适支撑，涉及头部、颈部、肩部、背部、腰部等身体部位的舒适度和人体工程学的生理方面。床屏的第一支承点为腰部，腰部到臀部的距离是230～250mm之间。第二支承点是背部，背部到臀部的距离是500～600mm。第三支承点是头部。床铺的高度一般是420mm。在人体工程学上，当倾角达到110°时，人体依靠是最舒适的。于是设计床屏的高度为：420mm+(500～600mm)，即920～1020mm。例如，儿童房家具，使用者大部分的尺寸小于成人尺寸。床屏的高度可以适度缩小，取800～1000mm之间的尺度作为儿童房床屏的高度。床屏的弧线倾角取90～120°之间，以符合人体工程学的对背部舒适度的要求。

5. 垫性

床是供人睡眠休息，消除一天疲劳、恢复体力和补充工作精力的主要用具。因此，床的设计必须要考虑到床与人体生理机能的关系。人体在仰卧时的骨骼结构不同于人体直立时的骨骼结构。人直立时，背部和臀部凸出腰椎40～60mm，呈S形状；仰卧时，这部分差距减少20～30mm，腰椎近于伸直状态。人体站立时各部分重量在重力方向上相互叠加，垂直向下；人躺下时，人体各部分重量同时垂直向下，若床垫过软，使背部和臀部下沉，腰部突起，未能给予脊骨有力的承托，身体呈W型，形成骨骼结构的不自然状态，肌肉和韧带处于紧张的收缩状态，人体感觉敏感的与不敏感的部位均受到同样的压力，时间稍长就会产生不舒适感，需要通过不断的翻身来调整人体敏感部分的受压情况，使人不能熟睡而影响了正常休息；若床垫太硬，使脊骨部分悬空，未能全部支撑腰部以下的部分，时间稍长会引起皮肤和筋骨压迫所致的疼痛而无法入睡；若床垫软硬适中，人体感觉迟钝的部分受压较大，而人体感觉敏锐处受压较小，这样人体体压分布比较合理。如体压分布比较图所示（见图6-1），蓝色表示体压低，红色表示体压高，在软硬适中的床垫中，蓝色显示面积越大，且红色和黄色的显示面积越小，表明体压的分散效果越好，睡眠时舒适程度越高。因此，床垫设计由不同材料搭配的三层结构组成（见图6-2），上层与身体直接接触的接触层，采用柔软材料；中层是为了保持和纠正姿势的正确性，采用较硬的材料；下层是吸收冲击层，采用具有弹性的钢丝弹簧材料。由这样三层结构组成的具有软中有硬的床垫能够使人体得到舒适的感觉。

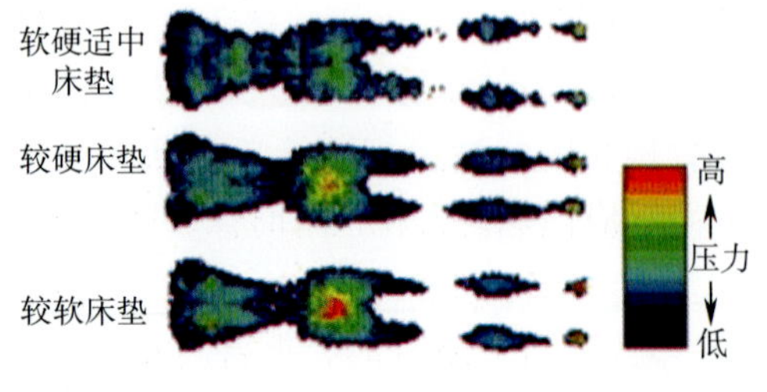

图6-1　体压分布比较图

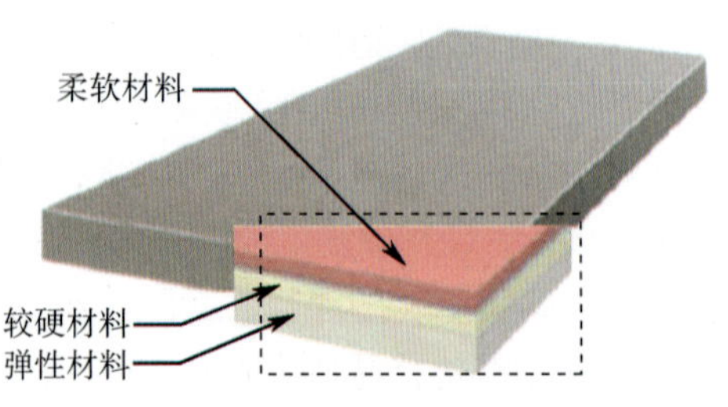

图6-2　床垫结构

6.2.2.3 凭依类家具

凭依类家具为人在坐、立状态时，提供辅助的家具，如桌台等。根据人在使用中不同的基准点，分为以人的立位基准点为准的立式用桌（台），如讲台、柜台、操作台等；以坐位基准点为准的坐式用桌（台），如写字台、餐桌、课桌等。中华人民共和国国家标准 GB/T 3326—1997《家具　桌、椅、凳类主要尺寸》对桌类家具的主要尺寸作出了如下规定（见表 6-8 至表 6-12）。

表 6-8　双柜桌尺寸　（单位：mm）

宽	深	宽度级差	深度级差	中间净空高	柜脚净空高	中间净空宽	侧柜抽屉内宽
1200 ~ 2400	600 ~ 1200	100	50	≥580	≥100	≥520	≥230

表 6-9　单柜桌尺寸　（单位：mm）

宽	深	宽度级差	深度级差	中间净空高	柜脚净空高	中间净空宽	侧柜抽屉内宽
900 ~ 1500	500 ~ 750	100	50	≥580	≥100	≥520	≥230

表 6-10　梳妆桌尺寸　（单位：mm）

桌面高	中间净空高	中间净空宽	镜子上沿离地面高	镜子下沿离地面高
≤740	≥580	≥500	≥1600	≤1000

表 6-11　长方桌尺寸　（单位：mm）

宽	深	宽度级差	深度级差	中间净空高
900 ~ 1800	450 ~ 1200	50	50	≥580

表 6-12　方桌尺寸　（单位：mm）

桌面宽（或直径）	中间净空高
600、700、750、800、850、900、1000、1200、1350、1500、1800 （方桌边长≤1000）	≥580

1. 高度

高度很大程度上依赖于与手相关的活动，因此设计时主要参考的人体参数为人的肘高以及眼睛的位置。这些都依赖于人如何站或者坐，是直立还是弓背，以及人们如何在这些姿势间变换。

（1）坐式用桌（台）。桌台的高度应与椅凳高度结合考虑，它与工作学习效率和疲劳的关系很大，并且不合适的桌台高度也是姿势变坏的直接原因之一。比如，餐桌较高，而餐椅不配套，则会令人产生够不着菜的感觉；如果写字桌过高，椅子过低，使人形成趴伏的姿势，无形中又缩短了视距，久而久之，就容易造成脊椎弯曲变形，眼睛近视。而桌椅高度搭配得是否合理，直接影响着人的坐姿。正确的桌椅高度应该能使人在正坐时保持两个基本垂直：一是当两脚平放地面时，大腿与小腿能够基本垂直。这时，座面前沿不能对大腿下平面形成压迫，否则就容易使人产生腿麻的感觉。二是当两臂自然下垂时，上臂与小臂基本垂直，这时桌面高度应该刚好与小臂下平面接触。这样就可以使人保持正确的坐姿和书写姿式。

中华人民共和国国家标准 GB/T3326—1997《家具　桌、椅、凳类主要尺寸》规定了桌类家具的高度尺寸为 680 ~ 760mm；椅凳类家具的座面高度为 400 ~ 440mm；还规定了桌椅配套使用时，桌椅高度差应控制在 250 ~ 320mm 之间。

（2）立式用桌（台）。立式用桌（台）的高度是根据人体站立姿势的屈臂自然下垂的肘高来确定的。按我国平均身高，站立用桌（台）高度以 910 ~ 965mm 为宜，工作桌（台）高度可降低 20 ~ 50mm。

2. 桌面下净空尺寸

桌（台）面下的空间高度应不小于 580mm，空间宽度应不小于 520mm，这是为了保证人在使用时双腿能有足够的活动空间。

3. 桌面尺寸

桌面的宽度与深度与人体的平面作业空间有关。平面作业空间指人在坐位姿势下，手腕放在桌子或作业台上的活动范围。这种作业空间通常分为通常作业空间和最大作业空间。通常作业空间是指上臂轻轻靠在体侧曲肘状态下手所到达的地方。最大作业空间是指伸展上肢所达到的最大范围。它是办公桌面、工作台面的设计依据。桌子的宽度则不宜超过人在水平面的最大工作区域，人体水平作业域中最舒适的操作垂直距离为 390mm。

6.2.2.4　储藏类家具

日常生活中，物品的存放占据了房间内的较大空间，如器物、衣物、消费品、报刊等，因此储藏家具成了家具的一大种类。将人体工程学应用到储藏类家具设计中，有助于存放和取物的效率。储藏类家具根据结构造型的不同，可以分为柜类和架类两大类；根据储藏器物的不同，可以分为衣柜、书柜/架、壁柜、橱柜、陈列架等。中华人民共和国国家标准 GB/T3327—1997《家具　柜类主要尺寸》对柜类家具的尺寸做出了规定（见表 6-13 至表 6-15）。

表 6-13　柜内空间尺寸　（单位：mm）

柜体空间深		挂衣棍上沿至顶板内表面间距离	挂衣棍上沿至底板内表面间距离	
挂衣空间深或宽	折叠衣物放置空间深		适于挂长外衣	适于挂短外衣
≥530	≥450	≥40	≥1400	≥900

表 6-14　书柜尺寸　（单位：mm）

	宽	深	高	层间净高
尺寸	600 ~ 900	300 ~ 400	1200 ~ 2200	≥230 ≥310
尺寸级差	50	20	第一级差 200 第二级差 50	—

表 6-15　文件柜尺寸　（单位：mm）

	宽	深	高	层间净高
尺寸	450 ~ 1050	400 ~ 450	370 ~ 400 700 ~ 1200 1800 ~ 2200	≥330
尺寸级差	50	10	—	—

1. 衣柜

挂衣杆上沿至柜顶板的距离一般为 40 ~ 60mm，大了则浪费空间，小了则放不进挂衣架。挂衣杆下沿至柜底板的距离，挂长大衣不应小于 1400mm，挂短外衣不应小于 900mm。衣柜的深度主要考虑人的肩宽因素，不应小于 530mm。否则纵向挂衣就挂不开，只有斜挂才能关上柜门。

衣柜的高度是根据服装的长度来确定的，普通服装的长度大多在 1250mm 以内，加上挂衣棍距柜顶的距离、衣架尺寸和应留空间，再加底座高，一般为 1800 ~ 1900mm。同时，这个尺寸在操作中也是比较适宜的。衣柜的宽度一般用悬挂衣服的件数和悬挂 1 件服装的空间位置（80 ~ 100mm）来确定内部尺寸。柜体的深度，按人体平均肩宽 415mm 再加上适当的空间而定，一般≥530mm。衣柜中通常设有抽屉，抽屉的宽度和深度是按衣服折叠后的尺寸来定的，一般单衣折叠后的尺寸为 200 ~ 240mm，同时再考虑柜体在造型和比例上的需要，以及抽屉本身在抽出和推进过程中的要求，确定抽屉的高度。为了使抽屉能达到标准化生产，也可以将抽屉按其功能编排成系列。

2. 书柜

书柜的功能是存放书籍和杂志，除了层高和深度应符合各类书籍的大小外，还需按人体的动作尺度来考虑它的高度和结构上的接合强度。书柜的搁板间距，即层间高，按多数书籍的高度进行分层，层间高通常按书本上限再留 20 ~ 30mm 的空隙，以便取书和有利于通风。目前发行的图书尺寸规格，一般为 16 开本或 32 开本，因此书柜的层间高通常分为 2 种，即 230mm 和 310mm。这样能兼顾到不同书籍的存放，较为合理。

3. 厨柜

厨房家具尺寸确定最主要的是要符合人体操作规格。在设计时，需要结合人体工程学及设备尺寸来考虑。

（1）高度。现在多数家庭的所有操作台面都采用统一高度，即 800mm 左右，或根据主要操作者的身高略有调整。厨房台面应尽可能根据不同的工作区域设计不同的高度。有些台面位置低些会更好，如果使用者很喜欢做面点，那么常用来制作面点的操作台可将高度降低 100mm。但是，在橱柜的设计中也不能过分追求高低变化，特别是在较小的厨房中，过多的变化会影响整体的美观。

台面高度一般采用 800mm、850mm、900mm 几种模式。工作台高度根据人体身高设定，橱柜的高度以适合最常使用厨房者的身高为宜，工作台面应高 800 ~ 850mm，推荐尺寸 850mm。

柜底座高度大于或等于 100mm，工作台面与吊柜底的距离约需 500 ~ 600mm，放双眼灶的炉灶台面高度最好不超过 600mm。吊柜门的门柄要方便最常使用者的高度，而方便取存的地方最好用来放置常用品，地面至吊柜底面间净空距离为 1300mm（最小值）+ n × 100mm（n 为正整数）；吊柜宽度小于 300mm 时，不在此限。

人体尺寸与橱柜高度之间的关系密切相关，高柜与吊柜顶面标高为 1900mm（最小值）+ n × 100mm，推荐尺寸 2100mm，也可以增设铺助吊柜，高度可做至顶棚底，但需要留出安装缝隙。

（2）宽度尺寸。储藏柜、高柜、灶柜宽度分别推荐 450mm、600mm、700mm，若设置电器，应以器具尺寸 + 余留尺寸为准。吊柜的宽度受到吊柜至工作台的高度限制，吊柜如果超过人的身高，则其宽度可大可小，若吊柜处于最佳取物高度（1350 ~ 1800mm）时，其宽度就应小一些，通常为250mm、300mm、350mm，推荐尺寸为300mm。

（3）长度尺寸。各类家具和设备长度的标准尺寸，均应为100mm的倍数，在300～1200mm之间。推荐尺寸为：灶柜700mm，洗涤柜900mm（根据洗涤池形状的不同，尺寸也有变化），储物柜900mm。

（4）深度尺寸。尺寸大小的确定关键是要符合下列条件：柜体要容得下所配置的设备；台面能放下小型用具；站在工作台前，头不能碰到吊柜上。通常，地柜深度为450mm、500mm、600mm，推荐500mm；吊柜为250～350mm；吊柜与地柜尽可能统一。

（5）抽油烟机罩底口尺寸。宜与灶柜尺寸相同，罩口底部与灶眼间的净距为600～800mm，推荐尺寸700mm。

厨房空间由于相对狭小，功能上要求明确，设备众多，人体活动频繁，持续时间较长，因此需要更加细致地分析人体尺寸及操作活动规律，以便确定家具与设备的尺度及相互关系。在厨柜的尺寸设计中必须充分考虑各种用具的尺寸，常用电器设计到理想的高度及位置，可使人们在使用中不再弯腰、半蹲半跪或频频碰头。符合人体工程学的家具和设施，使用起来不但轻松、高效、有序，而且提高安全性、舒适性并维护人的健康，会带给使用者带来一定的心理满足感。

本章小结

本章主要包括人体工程学，以及各种类型家具的具体尺寸的设计。在家具设计时不但要考虑家具的美观性，同时还要考虑家具使用时的舒适性，这与人体工程学有着密切的联系。学习并掌握人体工程学与家具设计基本原理，可以为进一步学习家具设计打下基础。

思考题与习题

1. 什么是人体工程学？
2. 简述椅凳类家具的尺寸设计。
3. 简述床类家具的尺寸设计。
4. 简述桌类家具的尺寸设计。
5. 简述柜类家具的尺寸设计。

第 7 章　家具造型设计

学习目标：

1. 了解家具造型设计的概念。
2. 理解家具造型设计的基本要素和原则。
3. 掌握家具造型设计的方法。

学习重点：

1. 家具造型设计的基本原理。
2. 家具造型设计的形式美法则。

学习建议：

1. 综合运用设计原理和形式美法则，了解各种材料的不同特性及表现形式。
2. 理解并运用所学知识，进行家具造型设计实践。

7.1　家具造型基础知识

点、线、面、体、色彩和质感是任何设计的基础，家具设计也要从基础出发，通过各种不同的形状、体量、质感和色彩来获得造型的外在表现力，因此造型要素是家具造型设计的基础知识。

7.1.1　家具造型的形状

7.1.1.1　点

1. 点的含义和类型

点是形态构成中最基本的组成单位。在几何学里，点是无大小、无方向、静态的，只有位置。而在家具造型设计中，点是有大小、方向甚至有体积、色彩、肌理质感的，在视觉与装饰上产生亮点、焦点、中心的效果。点无法用定量的标准来衡量其面积或形状，只能按它与对照物之间的相对概念来确定。在家具与建筑物室内的整体环境中，凡是相对于整体和背景来说比较小的形体都可称之为点。

2. 点在家具造型中的应用

在家具造型中，点的应用非常广泛，它不仅作为一种功能结构的需要，而且也是装饰构成的一部分。如柜门、抽屉上的拉手、门把手、锁具、沙发软垫上的装饰包扣，以及家具的五金装饰配件等（见图 7-1），相对于整体家具面言，它们都以点的形态特征呈现，除了具有功能性以外，还具有很好的装饰效果。

a）　　b）

c）

图 7-1　家具造型中的点

7.1.1.2　线

根据几何学的概念，线是点移动的轨迹。在造型设计中，由大小不同的点移动而形成的线有粗细或宽窄之分。造型中的线，平面上有宽度，空间上有面积、范围，以长度与方向为主要特征，缩小长度或增加宽度，线即成为点或面。线的运用在造型设计中处于主宰地位。线的曲直运动和空间构成能表现出所有的家具造型形态，并表达出情感与美感、气势与力度、个性与风格。

线的形状可以分为直线系和曲线系两大体系，二者的结合共同构成一切造型形象的基本要素。

家具造型构成的线条有三种：一是纯直线构成的家具；二是纯曲线构成的家具；三是直线与曲线结合构成的家具。线条决定着家具的造型，不同的线条构成了多样的造型式样和风格。

在家具设计中，线的形态运用到处可见（见图 7-2），从家具的整体造型到家具部件的边线，从部件之间缝隙形成的线到装饰的图案线。线是家具造型设计的重要表现形态，是构成一切物体轮廓形状的基本要素。

a） b） c） d）

图 7-2　家具造型中的线

7.1.1.3　面

面是点的扩大，是由线的移动而形成的。按线移动的不同轨迹，可出现不同面的形状。面具有二维性，即长度和宽度的特点。面是家具造型设计中的重要构成因素，有了面，才能使家具具有实用价值。

面可分为平面与曲面。平面（见图 7-3）具有多种形态，如几何形态和非几何形态。从方向上，平面有垂直平面、水平平面与斜平面；曲面（见图 7-4）在空间上表现为旋转曲面、非旋转曲面和自由曲面，形态上有几何曲面与自由曲面之分。

图 7-3　家具造型中的平面

图 7-4　家具造型中的曲面

面在造型中表现为形，如正方形、长方形、三角形等几何图形，以及非几何图形、自由图形等。不同形状的面具有不同的情感特征。如正方形、圆形和正三角形这些以数学规律构成的完整形态，具有稳定、端正的感觉。其他形体则显得丰富活泼，具有轻快感。除了形状外，在家具中，面的形状还具有材质、肌理、颜色等特性，给人以视觉、触觉等不同的感受（见图 7-5）。

a) 正方形

b) 长方形

c) 圆形

d) 椭圆形

e) 扇形

f) 梯形

图 7-5　家具造型中的形

g）三角形

h）不规则形

图 7-5 家具造型中的形（续）

7.1.1.4 体

根据几何学定义，体是面移动或旋转的轨迹。在造型设计中，体也可以理解为由点、线、面围成的三维空间或面旋转所构成的空间。

体有几何体和非几何体两大类。家具设计中常见的几何体有正方体、长方体、圆柱体、圆锥体、三梭锥体、球体等形态。非几何体一般指一切不规则的形体。

在家具造型设计中，正方体和长方体是使用最广泛的形态，如家具中常见的桌、椅、凳、柜等，多以此为基本形态。在家具中，体可分为实体和虚体，并且在心理上给人以不同的感受。实体是（见图 7-6）由块立体构成或由面包围而成的体，给人以有厚实、稳重、围合性强的感受；虚体（见图 7-7）由线构成或由面、线结合构成，以及由具有开放空间的面构成的体。虚体分为通透型、开敞型、隔透型，给人一种通透轻快之感。

图 7-6 实体

图 7-7 虚体

在家具造型中应多注意各种不同形式体的组合，构成复合的型体，运用造型凹凸、虚实、光影、开合等设计手法，并且利用体的虚实处理给造型设计带来强烈的美感（见图7-8）。

图 7-8 家具造型中体的应用

7.1.2 家具色彩与材质

色彩与材质是家具造型设计的构成要素之一。由于色彩与材质具有极强的表现力，在视觉、触觉上给人以心理及生理上的感受与联想。

色彩本身在家具中不能独立存在，它必须依附材料和造型，在光的作用下才能呈现，如各种木材的丰富的天然本色与肌理，鲜艳的塑料、透明的玻璃、闪光的金属、染色的皮革、染织的布艺、多彩的涂料等。从一件完美的家具来看，通过艺术造型、材质肌理、色彩装饰的综合构成，传递着视觉与触觉的美感信息。

7.1.2.1 色彩

色彩学是一门独立的学科与艺术。色彩的产生是由于光照射在物体上被吸收或反射的结果。色相、明度、纯度是色彩的三要素，是色彩学中最基础的知识。为了满足设计和生产的要求，科学家根据色彩三要素的特性研制出定性、定量的科学方法，其中最通用的是美国的蒙赛尔色立体。

家具色彩主要体现在木材的固有色，保护木材表面的涂饰色，人造板材贴面的装饰色，金属、塑料、玻璃的现代工业色及软体家具的皮革、布艺色等。

1. 木材的固有色

在日常生活中，木材是现代家具的主要用材。木材种类繁多，其固有色也十分丰富，有的淡雅、细腻，有的深沉粗犷，但总体上呈现出温馨宜人的暖色调。在家具应用上，常用透明的涂饰来保护木材的固有色和天然的纹理（见图 7-9）。木材固有色与环境和人类自然和谐，给人以亲切、温柔、高雅的情调，是家具恒久不变的主要色彩，受到人们的喜爱。

a）　　　　b）

图 7-9　家具木材固有色

2. 保护性的涂饰色

家具大多需要进行表面涂饰，一方面是保护家具以免受大气光照影响，延长其使用寿命；另一方面经涂饰的家具在色彩上起着美化家具和环境的作用（见图 7-10）。

图 7-10　家具涂饰色

3. 人造板贴面装饰色

随着人类环境保护意识的提高，在现代家具制造中，大量使用人造板材。因此，人造板材的覆面材料色就决定了家具的颜色（见图 7-11）。人造板贴面材料及其装饰色彩非常丰

a）　　　　b）

图 7-11　贴面装饰色

富，这些贴面人造板对现代家具的色彩及装饰效果起着重要作用，在设计上可供选择和应用的范围很广，也很方便，不需要自己调色。

4. 金属、塑料、玻璃的现代工业色

标准化批量生产的金属、塑料、玻璃家具充分体现了现代家具的风韵，富有时代感。金属的电镀工艺、不锈钢的抛光工艺、铝合金的静电喷涂工艺所产生的独特的金属光泽，塑料中的鲜艳色彩，玻璃中的晶莹透明，已经成为现代家具制造中不可缺少的部分。随着现代家具的部件化、标准化生产，越来越多的现代家具是木材、金属、塑料、玻璃等不同材料配件的组合，材质肌理、装饰色彩显露出相互衬托、交映生辉的艺术效果（见图 7-12）。

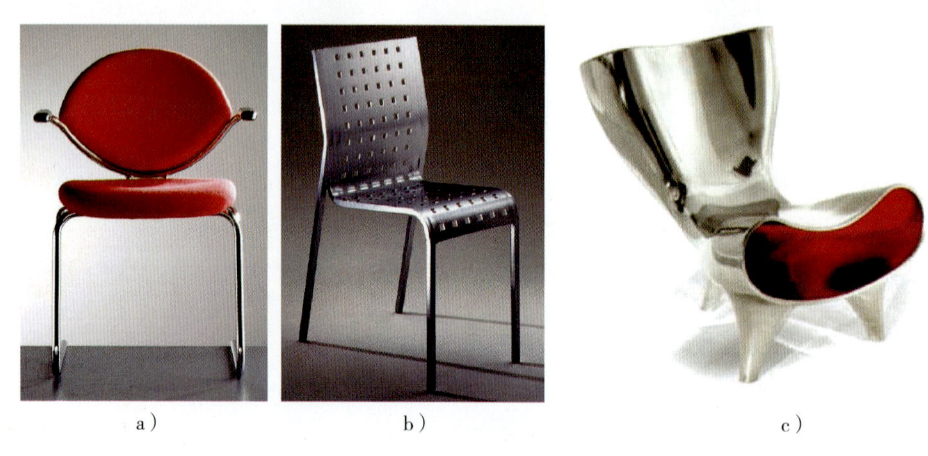

a）　　b）　　c）

图 7-12　家具现代工业色彩

5. 软包家具的织物色

软包家具常指软椅、沙发、床垫等，在现代室内空间中占有较大面积，因此，软包家具的皮革、布艺等覆面材料的色彩与图案，在家具与室内环境中起到了非常重要的作用。由于现代纺织工业所生产的布艺种类及色彩极其丰富多彩，为现代软体家具增加了越来越多的时尚流行色彩（见图 7-13）。

a）　　b）

图 7-13　家具织物色

除了上述家具的色彩应用外，家具的色彩设计还必须考虑家具与室内环境的因素。家具与室内空间环境是一个整体的空间，所以家具色彩应与室内整体的环境色调和谐统一（见图 7-14）。设计单体或成套家具的色彩必须把家具所处的建筑空间环境的色调放在一起综合设计，总之家具的色彩设计必须和室内环境及其使用功能作为一个整体进行考虑。

a)

b)

图 7-14　家具与室内色彩的和谐统一

7.1.2.2　材质

材质是家具材料表面产生的一种质感，用来形容物体表面的肌理。质感有触觉肌理和视觉肌理之分。材质是构成家具工艺美感的重要因素与表现形式。

材质既是触觉的，又是视觉的，如天然木纹的美丽与温暖，金属的坚硬与冰冷，皮革、布艺的柔软，玻璃的晶莹，竹藤的编织纹理等。材质不仅给人生理上的触觉感受，也给人视觉上的心理感受（见图 7-15）。

不同的材料有不同的材质，即使同一种材料，由于加工方法的不同也会产生不同的质感。为了在家具造型设计中获得不同的艺术效果，可以将不同的材质配合使用，或采用不同的加工方法，做出不同的肌理，丰富家具造型，达到更好的艺术效果。

a)

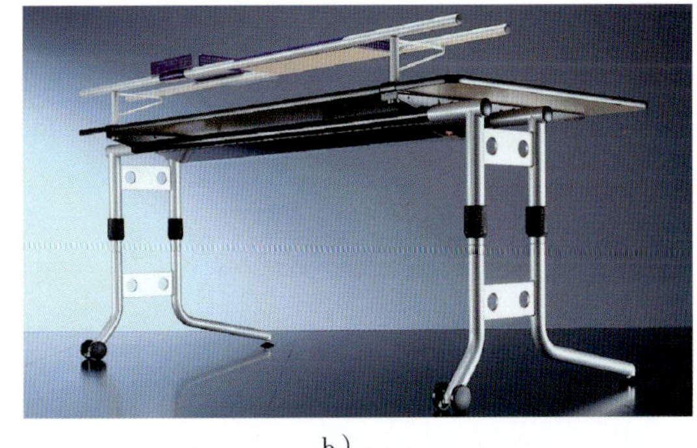

b)

c)

d)

图 7-15　不同材质的家具

家具材料的质感处理，一般从两方面来考虑：一是材料本身所具有的天然质感，如木材、石材、金属、竹藤、玻璃、塑料、皮革、布艺等，由于其材质本质的不同，人们可以根据材质的不同长度，强度、品性、肌理，在家具设计中组合设计，搭配应用；二是指同一种材料通过不同加工处理，可以得到不同的肌理质感，如对玻璃的不同加工，可以得到镜面玻璃，喷砂玻璃、刻花玻璃、彩色玻璃等。根据上述两方面的材质处理方法，在家具造型设计中，充分发挥材质的天然美和凸显强化材质的工艺美是现代家具设计的重要手法，尤其是要恰如其分地充分运用不同材料，通过组合应用和对比的手法获得生动的家具艺术造型效果，许多家具设计大师的经典作品都是在这方面的艺术处理上获得了极大的成功。

7.2　家具造型设计的形式美法则

自从人类学会劳动与动物区分开，人类社会就进入一个造物的时代。人类最初的造物形象是由物质材料及其基本的功效产生的，在此基础上，提炼出物的形象。经过长期生产造物过程，总结出物象形成的基本规律，也即“造型”的美学原则，也是人类爱美和审美心理的根本反应。因此在造物过程中，形的成型既有自身的法则，同时也离不开物质材料特性和物的基本使用功能，这就是造型的基本含义，即创造物体形象。家具造型设计具有艺术的属性，因此设计时必须符合艺术造型的构图法则，但家具又具有实用的属性，因此在运用这些艺术法则的同时，必须以其使用功能、材料制作工艺作为主要依据。

在现代社会中，家具已经成为艺术与技术结合的产物。任何造型艺术，如建筑、绘画、雕塑、室内设计以及家具设计等，只要具有美感并被公认的，他们在形式上必然符合一系列法则。这是人类在长期的生产与艺术实践中，从自然美和艺术美中概括提练出来的艺术处理方式，并适用于所有艺术创作手法。要设计创造出一件具有美感的家具，就必须掌握艺术造型的形式美法则，而且家具造型设计的形式美法则是在几千年的家具发展历史中由无数前人在长期的设计实践中总结出来的，并在家具造型的美感中起着主导的作用。

家具造型设计的形式美法则有：统一与变化、对称与均衡、比例与尺度、节奏与韵律、模拟与仿生等。

7.2.1　统一与变化

统一与变化是适用于各种艺术创作的一个普遍法则，它们既相互排斥又相互依存。在艺术造型中，变化中求统一，统一中求变化，力求变化与统一得到完美的结合。

统一就是在一定的条件下，把各个变化的因素有机地统一在一个整体之中，在家具设计中是决定整体是否和谐、有条理、有规律的基本方法，也是在众多相互不同的因素中，用来把握整体的倾向性，形成主要的基调并对整体起支配作用的手段。在家具设计中，主要运用家具材料、色彩和造型等的相互协调，次要部位对主要部位的烘托，线条、色彩、质感的呼应等表现手法来实现统一（见图 7-16）。

变化是在整体造型元素中寻找差异性，使家具造型更加生动、鲜明、富有趣味的手法，也是令家具具有鲜明个性的手法，离开变化作品很难形成视觉中心和层次感。常用的变化是直线与曲线、垂线与斜线、方形与圆形等形式的对比；还有色彩的浓淡、明暗、强弱、冷暖对比，体量的虚实对比，质感的平滑与粗糙、柔软与坚硬的对比等（见图 7-17）。

图 7-16　家具造型中的统一

a）

b）

c）

d）

图 7-17　家具造型中的对比

a）色彩对比　b）材质对比　c）方向对比　d）虚实对比

要正确处理好变化与统一的关系，统一是前提，变化是在统一中求变化。过于强调统一缺少变化，就会使人感到匮乏、单调，但如果过分强调变化、缺少统一，又会导致混乱、琐碎。要做到统一而不过于接近，变化而不过于强烈。

7.2.2 对称与均衡

自然界静止的物体都是遵循力学的原则，以平衡的形态存在的。家具的造型也必须符合人们在日常生活中形成的平衡状态。对称与均衡的形式美法则是动力与重心两者矛盾的统一所产生的形态，通常是以等形等量或等量不等形的状态，依中轴或依支点出现的形式。

对称是指一条中心轴线两边的形态、色彩等因素完全相同，是人类最先掌握的一种规律，也是较为容易实现的一种方法，具有端庄、严肃、稳定、统一的效果。均衡是一种不对称的平衡，视觉中心两边的形态不同，但仍保持相对稳定，具有生动、活泼的变化效果。对称和均衡是视觉中心保持相对稳定性的两种方法。

在家具造型上，常采用镜面对称、相对对称和轴对称方法来实现家具视觉效果上的对称。由于家具的功能多样，在造型上无法全都用对称的手法来表现，所以，也需采用均衡的设计手法，使家具造型具有更多的可变性与灵活性。同时，需要注意的是，由于家具是在特定的建筑空间环境中，所以除了家具本身形体的均衡外，家具与电器、灯具、书画、绿化、陈设的配置也要均衡，这是取得整体视觉均衡效果的重要手法（见图7-18）。

a） b）

c） d）

图7-18 家具造型中的对称与均衡

7.2.3 比例与尺度

比例与尺度是与数学相关的构成物体完美和谐的数理美感的规律。任何形状的物体，都具有长、宽、高三个方向的度量。按度量的大小，构成物体的大小和形状。我们将家具各方向度量之间的关系及家具的局部与整体之间形式美的关系称之为比例；将家具造型设计时，根据家具与人体尺度，家具与建筑空间尺度，家具整体与部件，家具部件与部件等所形成的特定的尺寸关系称之为尺度。所以，良好的比例与正确的尺度是家具造型形式上完美和谐的基本条件。

家具造型的比例包含几方面的内容：一是家具整体的比例，它与人体尺度、材料结构及其使用功能有密切的关系；二是家具表面分割的比例、家具整体与局部或各局部之间的尺寸关系。比例匀称的造型，能产生优美的视觉效果与完善的功能的统一，是家具形式美的关键因素之一。在室内环境中，还包括家具与家具、家具与室内空间的比例。

任何形式都有它的比例，但并非任何比例都能很好地展现形态的美感。完美的家具形态应具备协调匀称的比例、尺度。在家具设计中常用的比例主要有：

黄金比：它是一种理想可计算的比例，若假设一条线段 AB，其中有任意一点 C 且满足为 AB∶AC = AC∶BC，则称为黄金比，大约为 1.618∶1。

数学级数比：常用的有两种，一种为等比级数。由 1∶2∶3∶5∶8 等构成，它是以后一项数等于前二项数之和形成的比例；另一种为等差级数比，如由 2∶4∶8∶16∶32∶64 等构成，这种比例的增加值大，因此具有较强的韵律感。

模数：又称模量，含有某种度量的标准，如家具中常用到的“32mm”。模数就是一个标准值，它既能独立存在，又可递增组合，使部件的形态组合方式多样化。

除此之外，也可不按上述比例关系进行分割，但只要被分割图形的对角线互相平行或互成直角，则它们的形状之间就具有数的比例关系，同样能产生美的比例关系。

尺度是指尺寸与度量的关系，与比例密不可分。在造型设计中，单纯的形式本身不存在尺度，整体的结构（纯几何形状）也不能体现尺度单位，只有在导入某种尺度单位或在与其他因素发生关系的情况下，才能体现尺度。如画一长方形，它本身没有尺度感，在此长方形中加上某种关系，或是人们所熟悉带有尺寸概念的物体，该长方形的尺度概念就被产生。如果在长方形中加一玻璃门，加上门把手，就形成一扇门，或者将长方形分割成一个橱柜，该长方形的尺度感就会被人感知。

因此，家具的尺度必须引入可比较的度量单位或者与所陈设的空间及其他物体发生关系时才能明确其尺度概念。最好的度量单位是人体尺度，因为家具是以人为本、为人所用，其尺度必须以人体尺度为准。

除了人体尺度外，建筑环境与家具的关系也是家具尺度感的因素之一，要从整体上全面认识与分析人与家具、家具与建筑、家具与环境之间的整体和谐的比例关系。在造型设计中，创造性地解决好比例与尺度的关系，既满足功能的要求，又符合美学法则。

7.2.4 节奏与韵律

节奏与韵律是人们在艺术创作实践中被广泛应用的形式美法则，同样也是构成家具造型的主要形式美法则。

节奏是设计作品中连续的、有规律、有秩序的分段运动。它最简单的概念是重复，也就是反复地出现，即一个构成家具的基本单位或一个局部现象，在作品中连续反复地出现。节奏美是条理性、重复性、连续性的艺术形式再现。韵律是有规律、有组织变化的一种现象，在设计中最简单的表现方法是把一个可视的造型单位作反复连续的重复表现，而这个单位有其自身的起伏变化，从渐强到高潮，从高潮到逐渐消失，每个单位的变化都不相同。韵律美是一种有起伏、渐变、交错的有变化、有组织的节奏。节奏是韵律的条件，韵律是节奏的深化。

韵律的形式有连续韵律、渐变韵律、起伏韵律和交错韵律。

连续韵律：是由一个或几个单位，按一定距离连续重复排列而产生的。在家具设计中可以利用构件的排列取得连续的韵律感，如橱柜的拉手，家具的格栅等。

渐变韵律：在连续重复排列中，对该元素的形态有规则地逐渐增长或减少，这样就产生渐变韵律，如常见的成组套几或有渐变序列的橱柜。

起伏韵律：将渐变的韵律进行高低起伏的重复，则形成有波浪式起伏的韵律，产生较强的节奏感。在家具造型中，壳体家具的有机造型起伏变化、高低错列的家具排列、热压胶板的起伏造型都是起伏韵律手法的应用。

交错韵律：各组成部分连续重复的元素按一定规律相互穿插或交错排列所产生的一种韵律。在家具造型中，我国传统家具的博古架，竹藤家具中的编织花纹及木纹拼花，地板排列等，都是交错韵律的体现。在现代家具中，由于标准部件化生产、系列化组合的工艺的出现，单元构件有规律地重复，循环和连续的应用，都成为现代家具节奏与韵律美的体现。

总之，节奏与韵律的共性是重复与变化，通过起伏、渐变可以进一步强化韵律美，丰富家具造型，而连续和交错则强调彼此呼应，加强统一效果。

在家具造型中，家具构件、雕刻图案、织物条纹、木纹拼花等有规律的重复，组合家具的形、线的反复及不同摆放，都是形成韵律的方式和手段（见图 7-19）。

a） b） c） d）

图 7-19 家具造型的节奏与韵律

7.2.5 模拟与仿生

大自然永远是设计师取之不竭、用之不尽的设计创造源泉。早期家具大量采用自然界花卉、草木、昆虫的形态和色彩，常用曲线线条作为基本符号代表女性的姿体、含苞待放的花朵或植物生长的萌芽。这些优美的线条或突出有力，或柔和细腻，大大增加了家具的装饰性与表现力。流线型的结构和自然符号作为装饰图案常常出现在家具设计中。

在建筑与家具设计上，许多现代经典设计都是仿生设计。如澳大利亚悉尼歌剧院的造型，澳大利亚设计师马克·纽森的生物形态椅子（见图7-20），日本家具设计师雅则梅田的玫瑰沙发等（见图7-21）。

图7-20　马克·纽森设计的椅子

图7-21　雅则梅田设计的玫瑰椅

1. 模拟

模拟是较为直接地模仿自然形象，或通过具象的事物形象来寄寓、暗示、折射某种思想感情的一种造型方式。这种情感的形成需要通过联想这个心理过程来获得由一种事物到另一事物的思维的推移与呼应。利用模仿的手法具有再现自然的意义，具有这种特征的家具造型，往往会引起人们美好的回忆与联想，丰富家具的艺术特色与思想寓意。在家具造型设计中，常见的模拟造型手法有以下三种：

一是局部造型的模拟，这是目前被应用最多的一种模拟设计方法，用此法进行设计时模拟的主体往往是家具的某些功能构件，可以是台桌和椅凳的脚，可以是柜类家具的顶饰，也可以是床头板或沙发椅的扶手和靠背等（见图7-22）。

a）

b）

图7-22　家具局部造型的模拟

二是整体造型的模拟，把家具的外形模拟塑造为某一自然形象，有写实模拟和抽象模拟的手法，或介于二者之间。一般来说，由于受到家具功能、材料、工艺的限制，抽象模拟是主要手法。抽象模拟重神似，不求形似，使其耐人寻味与联想，一般是抽象艺术、现代工业材料与技术相结合的产物（见图7-23）。

a）　　b）

c）

图7-23　家具整体造型的模拟

三是结合家具的功能构件进行图案的描绘与形体的简单加工。这种形式多用于儿童家具和娱乐家具（见图7-24）。

2. 仿生

仿生学是一门边缘学科，是生命科学与工程技术科学互相渗透、彼此结合的一门新兴学科。仿生学（Bionics）这个名词来源于希腊文“Bion”，其含意是生命的单位。仿生学主要是观察、研究和模拟自然界生物各种各样的特异本领，如生物本身特殊的结构、功能等，以便将这些优异的性能移植到科学技术中去。仿生设计学以自然界万事万物的“形”、“色”、“音”、“功能”、“结构”等为研究对象，有选择地在设计过程中应用这些特征原理进行设计，同时结合仿生学的研究成果，为设计提供新的思想、新的原理、新的方法和新的途径。

仿生设计（Bionic Design）一般先从生物的现实形态中受到启发，在原理方面进行深入研究，然后再应用于某些产品或某些部分的结构与形态。仿生设计包括功能仿生、结构仿生、形态仿生、材料仿生等。例如壳体结构便是生物存在的一种典型的合理结构，蛋壳、龟壳、人头颅骨等，虽然这些壳体壁厚都很薄，但却具有抵抗外力的非凡能力，设计师们便应

图 7-24　家具形体加工与图案描绘

用这一原理制造了许多形式新奇，工艺简单的薄壳结构家具（见图 7-25）。现代层压板家具、玻璃钢成型家具、塑料压模家具都仿生壳体结构在现代家具上广泛应用。充气沙发、充气床垫是仿照了动物内脏充气结构具有抗压、缓冲作用的原理而设计的（见图 7-26）。仿照人体结构，特别是人的脊椎骨结构，设计支承人体家具的靠背曲线，使其与人体完全吻合，也是仿生的原理。按仿生原理设计的坐具，可以是任意风格与任何形状，它只追求与人体接触的坐具表面的形状，使其符合人体工学的原理。当然直接塑造成人体或抽象人体也是可能的，那就是模拟与仿生的完美结合（见图 7-27）。

图 7-25　壳体结构

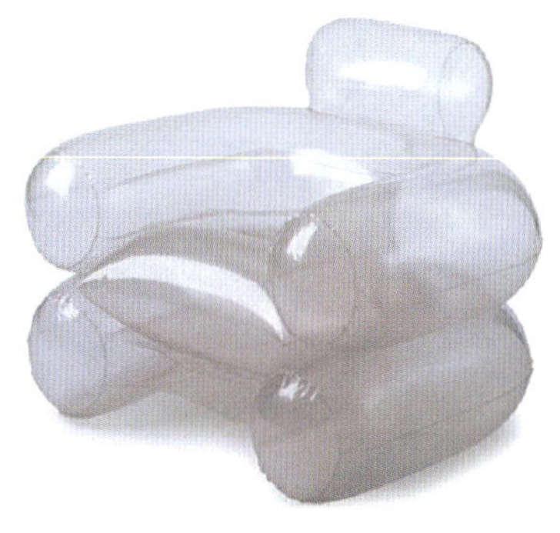

图 7-26　充气结构

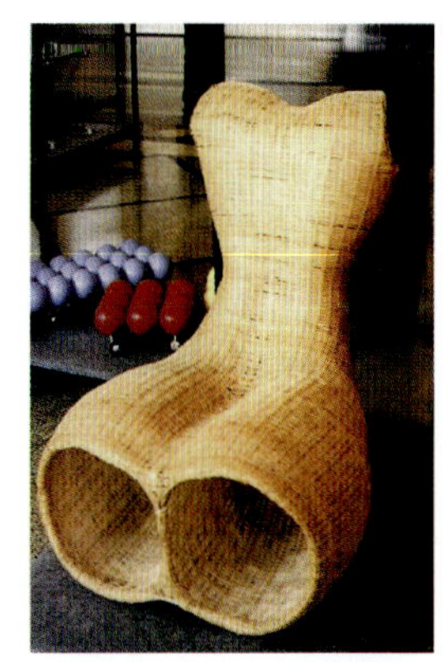

图 7-27　模仿人体结构

设计方法是手段，并不是目的，最终的目标是创造一件功能合理、造型优美的家具产品（见图 7-28）。应用模拟与仿生的造型手法时，要取其意象，而不应过分追求形式。应用模拟与仿生设计时，要注意结构、材料、工艺的科学性、合理性，达到形式与功能、结构与材料、设计与生产的统一。

图 7-28　家具中的模拟与仿生

本章小结

本章主要包括家具造型基础知识和家具造型设计的基本原则，在家具设计时除了考虑家具的功能性、舒适性、经济性和可持续发展性外，更要重视美观性。外形是吸引注意力的第一步。

思考题与习题

1. 绘图说明造型基本要素在家具设计中的应用。
2. 绘图说明家具造型设计的变化与统一。
3. 绘图说明家具造型设计的对称与均衡。
4. 绘图说明家具造型设计的节奏与韵律。
5. 运用模拟与仿生原则进行家具造型设计。

第 8 章　家具装饰设计

学习目标：

1. 了解家具装饰的概念、作用、历史及分类。
2. 熟悉家具的功能性装饰和艺术性装饰。

学习重点：

1. 家具的功能性装饰和艺术性装饰的特点。
2. 家具的功能性装饰和艺术性装饰的工艺。

学习建议：

理解家具装饰设计的概念、作用，加深对家具功能性装饰设计和艺术性装饰设计的理解。

8.1　家具装饰设计概述

8.1.1　家具装饰概念及作用

随着人们生活水平的不断提高，对于家具的要求也越来越高（尤其是木制家具），其中对家具用材的纹理、色彩、树种等方面的要求就更高。然而，森林资源日益减少，珍贵树种、优等木材越来越少。如选择优等、珍贵材种制造家具，必然会使家具的价格非常昂贵，因此最有效的解决方法就是采用表面装饰技术。

家具装饰是改善家具外观的一个重要方面。家具装饰是指用涂饰、贴面、烙花、镶嵌、雕刻等方法对家具表面进行装饰性加工的过程。家具装饰可在家具组装后或组装前进行，而且常将多种装饰方法配合使用。

家具装饰赋予家具一件华丽的外衣，使家具更为美观，具有与造型相协调的色彩、光泽、纹理，有效地遮盖瑕疵，使人产生美感和舒适感，并且在家具表面覆盖一层具有一定耐水、耐热、耐候、耐磨、耐化学腐蚀的保护层，达到保护家具、延长使用寿命的目的。同时，还可通过涂料进行模仿高级家具外观，提高家具的档次，是增进经济效益的一种有效方式。

8.1.2　家具装饰发展概况

公元前 2000 多年，中国就开始从野生漆树上采集天然漆制成天然大漆涂饰木家具。古埃及也利用阿拉伯树胶及蛋白等制成了色漆。在合成树脂涂料出现之前，虫胶漆和硝基漆曾是涂饰高级家具的主要涂料。20 世纪 20 年代出现了酚醛树脂漆，才改变了家具用涂料完全依赖于天然材料的状况。随着化学工业的发展，合成树脂涂料的种类也越来越多。现在氨基树脂漆、醇酸树脂漆、丙烯酸树脂漆、聚酯树脂漆、聚氨酯树脂漆等都在家具涂饰中得到了应用。涂饰技术也从作坊式的手工操作发展到能适应大规模生产的现代化机械涂装。40 年代出现了三聚氰胺树脂装饰板。50 年代出现了聚氯乙烯塑料薄膜、低压型合成树脂浸渍纸、装饰纸等贴面材料，使家具表面的装饰更加丰富多彩。

近代金属家具的表面装饰方法主要是涂饰、电镀及氧化。1962 年法国研究成功静电粉末喷涂技术，使金属家具表面涂装有了新的发展。塑料家具的主要原料为 ABS 塑料（丙烯腈-丁二烯-苯乙烯三元共聚物）及聚苯乙烯等。通常在塑料中加入着色剂，使之具有一定色彩或特殊的光学性能。对较高级的产品还采用涂饰、丝网漏印等方法进行表面装饰。

木制家具表面装饰的主要方法有涂饰、贴面、烙花、镶嵌、雕刻等。传统的框式家具一般以涂饰方法为主，并且是在家具组装后进行。板式家具大多由表面已有装饰的人造板或细木工板经封边后制成的板件组装而成，一般不再进行装饰或只进行简单的最终涂饰。

8.1.3 家具装饰的分类

现代家具表面装饰方法种类很多。根据装饰方法，分为功能性装饰和五金件装饰；根据加工方法，分为手工和机械两大类；根据饰面材料，分为贴木皮、贴装饰纸、贴浸渍纸、贴装饰层积板、贴 PVC、贴金属片、贴布、贴皮革、贴转印膜等；根据基材，分为实木、中密板、高密板、刨花板、细木工板、橡胶等；根据加工技术，分为平面贴面技术、包覆技术、真空覆膜技术、热转印技术、直接印刷技术等；根据零件需要装饰的外形，可以把零件分为两类，平面装饰零件和立体装饰零件。

8.2 功能性装饰

功能性装饰主要分为涂饰装饰和贴面装饰两大类。通过功能性装饰，将家具表面与空气、阳光、水分、酸碱等外界物质隔绝开来，从而起到保护家具与美化家具的作用。

8.2.1 涂饰装饰

涂饰装饰是用涂料、颜料、染料、溶剂等原辅材料，使用涂饰工具与设备，按一定的工艺操作规程将涂料涂布在家具表面上，直接改变家具表面光泽、色彩、硬度等理化性能的装饰方法。常用涂料有油性漆、酚醛树脂漆、硝基漆、醇酸树脂漆、天然树脂漆、丙烯酸树脂漆及聚氨酯树脂漆。

按照涂料品种、涂饰工艺、质量标准不同，可分为普通涂饰、中级涂饰、高级涂饰三种类型；按照漆膜显露木材色彩和纹理的不同，可分为透明涂饰和不透明涂饰两种类型；按照漆膜外观光亮程度不同，可分为原光涂饰、亮光涂饰、半亮光涂饰（半亚光涂饰）和亚光涂饰等。

1. 透明涂饰

透明涂饰俗称显木纹涂饰，是采用各种透明涂料（如油基清漆、硝基清漆、聚氨酯清漆等）涂饰在由优质阔叶材或薄木贴面制成的家具表面的一种施工工艺过程。家具经透明涂饰后原有木纹仍能清晰地显现，使色彩更为美丽（见图 8-1）。

a）

b）

图 8-1　透明涂饰家具

透明涂饰一般分 3 个阶段进行，即表面处理、涂饰及漆膜修整。表面处理包括砂光、去木毛、去树脂、脱色、嵌补等工序。木料表面经砂光处理后变得光滑、洁净，以保证涂饰质量。涂饰包括着色、填孔、涂底漆、涂面漆等工序。着色是为了使木材原有的天然色彩更为鲜明或使之具有所需的色彩，还可使木材的材色均匀，掩盖其存在的色斑、变色等缺陷。着色一般有 3 种方法：在经表面处理的白坯上直接用染料或透明颜料配制的着色剂进行着色；在填孔剂中加入颜料或涂料进行着色；在底涂料中加入染料或颜料进行涂层着色或在底涂层之上进行着色。为了得到理想的色彩，往往几种着色方法需同时使用。填孔是将涂料、颜料、溶剂等调配成的膏状填孔剂填平木材表面的导管槽，使被涂饰面变得平滑，原有木纹更为明显。涂底漆主要是为了封闭填孔剂，使面漆能很好附着，并减少面漆消耗。涂面漆是为了保护着色层，并形成具有一定厚度、光泽的漆膜。为了达到所需的漆膜厚度，面漆常需反复漆饰数次。每次涂布后需经干燥后才能涂下一道。对涂饰质量要求高的产品，还要进行漆膜磨光、抛光等修整，使漆膜表面光滑，达到一定的光亮度。

2. 不透明涂饰

不透明涂饰俗称彩色涂饰，是采用不透明涂料（如油性调和漆、硝基磁漆等）涂饰在由针叶材或色彩纹理较差的细孔阔叶材以及刨花板和纤维板制成的家具表面的一种施工工艺过程。家具经涂饰后，原有木纹及颜色完全被遮盖，漆膜的色彩直接由所使用的各种不透明涂料形成（见图 8-2）。

不透明涂饰中，根据涂饰要求确定色彩后，就可以选择相应的不透明涂料直接进行涂饰。由于不透明涂料带有各种色彩，涂饰后木纹即被掩盖，不显露原有纹理，因此，无显露纹理的有关工序（如脱色、着色等工序），工序相对简单。但不透明涂饰和透明涂饰的涂饰工艺基本相同，也需要经过底层处理、涂饰底漆、涂饰面漆、抛光等工序。

8.2.2　贴面

用胶粘剂将具有装饰效果的薄木、纸张、箔、薄膜粘在家具表面上的装饰方法。家具常用的贴面材料有薄木、三聚氰胺树脂装饰板、合成树脂浸渍纸、聚氯乙烯（PVC）塑料薄膜、印刷装饰纸和其他软饰面材料。所用的加工方法为热压、冷压等方式。由于装饰材料不

图 8-2　不透明涂饰儿童家具

同，所采用的装饰技术的要求也不相同。

1. 薄木

薄木是木材经旋切、半圆旋切、刨切而制成的花纹美丽、色泽悦目的一种装饰材料（见图 8-3）。薄木贴面是目前家具平面零件最常见的一种装饰方法，它适合各种档次家具的装饰。高档家具采用珍贵树种，普通家具则采用一般树种，而其芯材主要有中密度板、刨花板、细木工板和多层胶合板等。除天然薄木以外，还可利用纹理不明显的薄木经染色、层积胶合成木方，再经刨切制得具有人造纹理的薄木——组合薄木。用于家具贴面的薄木厚度一般为 0.6 ~ 0.8mm 及 0.2 ~ 0.3mm，甚至更薄。贴面的胶粘剂一般为脲醛树脂胶与聚醋酸乙烯乳液胶的混合胶。脲醛树脂胶胶合强度及耐水性能都较好，而聚醋酸乙烯乳液胶胶膜柔软，可防止透胶。二者的配比视薄木厚度及树种而异。薄木可采用冷压或热压的方法贴面，贴面后表面尚需进行透明涂饰。

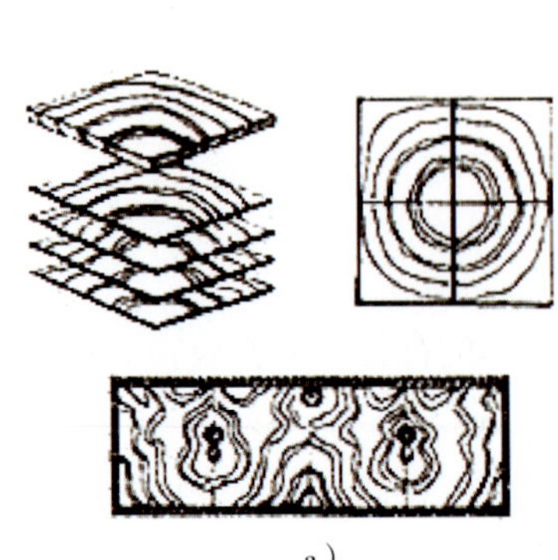

a）

b）

图 8-3　薄木制作与薄木

薄木具有天然木材的优点，又有多种纹理和色彩，可拼出美丽的图案（见图8-4），所以是受人们喜爱的一种装饰材料。拼花时对于薄木的接缝处理、薄木纹理的选择、薄木正反面的选择以及纸带的贴法都对最终贴面质量产生影响。薄木的不同纹理方向，其收缩量不同，因此拼花要注意薄木纹理方向的搭配（见图8-5）。

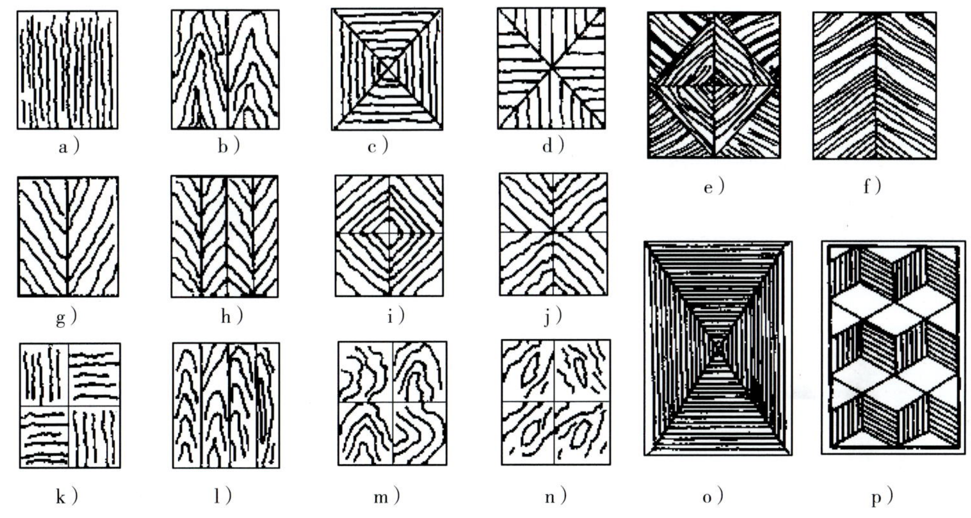

图8-4 薄木贴花图案

图8-5 薄木贴面书柜

2. 三聚氰胺树脂装饰板

三聚氰胺树脂装饰板，又叫树脂层压板，是由多层专用的高压三聚氰胺树脂浸渍纸和酚醛树脂浸渍纸经高温、高压压制而成的纸质装饰层压板（见图8-6）。板面美观，有印刷木纹和其他图案；色泽鲜明，有有光、柔光或仿皮革、仿金属、仿编织物、仿大理石等表面；硬度大，耐磨、耐热、耐水性好，耐化学腐蚀；表面平滑光洁，易于清洗。由于它具备了天然木材所不能兼备的优异性能，因此常用于桌类等耐磨性要求高的家具。一般用脲醛树脂胶冷压或热压贴面。

3. 合成树脂浸渍纸

合成树脂浸渍纸是以专用的纸张做原纸（如钛白纸、牛皮纸），浸渍合成树脂，经干燥后制成的胶膜纸（见图8-7）。常用的合成树脂有低压三聚氰胺树脂、邻苯二甲酸二丙烯酯树脂、苯鸟粪胺树脂、酚醛树脂、脲醛树脂等。浸渍纸树脂的含量取决于贴面后板面的光泽及耐磨性能的要求。合成树脂浸渍纸需经热压贴面。热压的温度、时间、压力随合成树脂种类而异。

图8-6　三聚氰胺树脂装饰板

图8-7　合成树脂浸渍纸

4. 印刷装饰纸

以20～30g/m^2 的薄页纸或40～120g/m^2 的钛白（二氧化钛）纸为原纸，经凹版印刷木纹或图案而成（见图8-8）。印刷装饰纸贴面工艺简单，可实现连续化生产，装饰表面美观，有暖色感。表面有一定的耐磨、耐热、耐水、耐污染等性能。常用于普通家具的装饰。用脲醛树脂胶与聚醋酸乙烯乳液的混合胶，在80～120℃温度下经平压或辊压贴合。贴面后表面常需进行透明涂饰。

图8-8　印刷装饰纸

5. 软贴面材料

家具的贴面装饰除了应用上述材料外，还可以应用许多其他材料，如纺织品、皮革、人造革等。它们也常用作家具的表面装饰，使家具表面色泽、肌理更富于变化和表现力。

8.3　艺术性装饰

艺术性装饰指主要用于家具表面局部点缀性装饰的装饰方法，包括雕刻、烙花、镶嵌、彩绘、描金等。

8.3.1 雕刻

雕刻艺术历史悠久，我国的木雕艺术起源于新石器时期，如距今 7000 多年前的浙江余姚河姆渡文化，已出现木雕鱼。秦汉两代木雕工艺趋于成熟，雕刻技术日益精致完美。

雕刻是用手工或上轴立式铣床将板面铣成各种图案。通过不同的雕刻方法（线雕、平雕、浮雕、圆雕、透雕等）而创造不同艺术效果，雕刻装饰多出现在床屏、椅子靠背、扶手端部和柜顶等家具部件上。一般雕刻装饰多为手工进行，也可以用镂铣机来完成，最新型的镂铣机配有数控装置，铣刀可按穿孔带输入的程序进行铣削，形成各种立体图案。

1. 线雕

线雕，又称线刻，是用刻刀直接在木料上刻画出纹饰图案（见图 8-9 和图 8-10）。它是以线条为主要造型手段，具有流畅自如、清晰明快的特点，犹如中国画中的“白描”，在古典家具中并不常用，只是偶一为之，主要是用来装点某一局部，大面积使用者更是十分罕见。

图 8-9 线雕笔筒

图 8-10 线雕屏风

2. 浮雕

浮雕是家具雕刻装饰的主要技法之一（见图 8-11），这是因为古代家具所用良材均能满

a）

b）

图 8-11 浮雕椅

足设计者和施工者的要求，木材自身的特点也使家具雕刻者大展身手。浮雕有深浅之分，浅浮雕是指所浮凸的雕体一般不到立体雕的二分之一，比较接近线条雕刻，纹饰突起，轮廓明显，具有清逸雅静的装饰感。深浮雕则是一种多层次、多深度浮凸高度的雕刻，它以刀代笔，如同描绘，有一种流动的线条感，它不像浅浮雕那样，而更像一种雕塑，追求的是形象的逼真性与完整性，给人一种温文尔雅之感。另外，深浮雕的底面不像浅浮雕那样被处理成“平地”，经常要处理成“锦地”，即在底面还要进行再雕饰。无论是浅浮雕还是深浮雕，对材料的客观条件要求很严，尤其是深浮雕的要求则更严些。首先是韧性，材料必须具有一定的强度，在深浮雕时能耐住使用时的善意冲击，所以深浮雕的家具大都是硬木家具。其次是适应性，这个概念较为宽泛，比如材质的横向定刀有无可能，打磨是否容易，材质的纹理与雕刻是否冲突等。

3. 阴雕

阴雕，又称沉雕，系指凹下去雕刻的一种手法，正好与浮雕相反。这种雕刻技法常常要在经过上色髹漆后的器物上施工，这样所刻出来的器物能产生一种漆色与木色反差较大近似中国画的艺术效果，富有意味。其雕刻内容大多为梅、兰、竹、菊之类的花卉，也有诗词、吉祥语之类的文字。这种技法主要雕于髹漆家具，同时又是漆器家具的常用手法。它与线刻同属于“阴纹”装饰，但也有区别。如果说前者是“白描”，阴刻即是“写意”（见图8-12）。

4. 透雕

透雕也叫穿空雕，是将装饰件镂空的一种雕刻方法。透雕可分为两种形式，一种是把图案纹样镂空成透孔的透雕；另一种是将图案纹样之外的部分镂空，保留图案纹样，称为阳透雕。与其他雕刻手法相比，透雕大都纹饰比较简单，所设计的通透效果，是为了克服滞闷的感觉（见图8-13）。

图8-12　阴雕实木工艺花盆

图8-13　清式透雕靠架子床

5. 圆雕

圆雕是一种完全立体的雕刻，前、后、左、右四面都要雕刻出具体的形象来。它实际上是一种具有三维空间艺术感的雕塑艺术，作品内容多取材于人物、动物、植物，题材以吉祥为主，以供人们欣赏为目的。它多用于家具局部，如端头、腿足、柱头等部位。以广式家具最为常见，是清代家具的主要特征之一。但这种雕技在实际运用中，极易弄巧成拙，古代工匠深谙此点，故尽量少用或不用，产量不多（见图 8-14）。

图 8-14　圆雕梅花纹酒杯

6. 透空双面雕

透空双面雕即两面都雕刻的透空雕。可供人们两面独自观赏，类似苏州的“双面绣”。这种工艺需要艺匠们具有高超的智慧与巧妙的构思。透空双面雕大多施工于条案档板、门窗板、隔扇、衣架等两面都可以欣赏的家具。一般有两类：一类是正反图案相同，只不过一正一反；另一类是正反图案相异，这种透空双面雕具有很高的艺术欣赏价值，即便整件家具散架了，其雕刻版也可作为单独艺术品珍藏、陈列。

上述各类雕刻手法在一件家具上可单独使用，而更多的是组合、交叉使用。在明清许多成功之作中仔细观察，以浮雕与透雕组合最多，聪慧的工匠把浮雕与透雕组合起来，二者优点交相辉映，相得益彰。

8.3.2　镶嵌

镶嵌是先将不同的木块、木条、兽骨、金属、象牙、玉、石、螺钿，以至琥珀、玛瑙、珊瑚、宝石等组成平滑的花草、山水、树木、人物及各种自然景物的图案花纹，而后再镶嵌到已铣出花纹槽（沟）的家具部件表面，整体色泽光闪明亮，璀璨华美。这种装饰方法把中国家具文化、陶瓷文化及绘画文化等有机结合在一起，从而塑造出典型的富有中国文化气息的家具（见图 8-15 和图 8-16）。

图 8-15　螺钿小几图

图 8-16　螺钿笔筒

8.3.3 烙花

烙花，又叫烫花，是一种民间传统装饰工艺。用电烙铁在椴木、白松等胶合板或木板上烫烙成各种人物、山水花卉、飞禽走兽等纹样。根据使用工具的不同，烙花可分为笔烙、模烙、漏烙等，不同的烙花方法形成的装饰效果亦不同，多运用在柜类家具的门、抽屉面、桌面等的装饰上。烙印有深有浅、有面有线，刻画比较细腻，适于烙制山水、花鸟、人物等画面。烙花装饰在家具上可获得很好的效果，用烙花装饰工艺可使家具的价值倍增（见图8-17）。

a）

b）

图 8-17　烙花装饰

8.3.4 彩绘

家具的彩绘，是指在家具的木板上所作的彩色绘画装饰。彩绘家具起源于 13 世纪的法国，当时法国有许多不同的省份，出产各式各样的花草和水果，当地的农民在闲暇之余将家乡的风土民情绘制在家具上。这种充满乡村风味的家具逐渐普及，因此诞生了彩绘家具。

法国的农民倾向于自然风光的描绘，中国内地的匠人则擅长仕女图工笔画，崇尚图腾的印度、非洲、西藏则喜欢画一些难以看懂却富有意义的图案，这些早期的绘画主题在手绘家具的流变中（也受到工艺的限制）逐渐靠向花鸟虫鱼图案，目前的手绘家具就多以这种类型的图案为主了。这也是手绘家具向主流家具风格靠拢的一个具体指向，因为花卉图案比较容易与现代家具相容（见图 8-18）。

8.3.5 描金

描金是在素漆家具上用半透明漆调彩漆，在漆地上描画花纹，然后放入温湿室，等漆干时，在花纹上打金胶，用棉球着最细的金粉贴在花纹上的装饰。素色的漆地与金色的花纹相衬托，显现出绚丽华贵的气派（见图 8-19 和图 8-20）。

a）

b）

c）

图 8-18　彩绘家具

图 8-19　欧式描金矮柜

图 8-20　中式描金立柜

8.3.6　模塑件装饰

模塑件装饰是用可塑性材料经过模塑加工得到的具有装饰效果的零部件的装饰方法。一般采聚乙烯、聚氯乙烯等与木纤维的混合物料进行模压或浇注等成型加工。模塑件装饰也用于中式家具中难以加工的家具部件，如造型复杂的床屏、椅子靠背和柜子的顶饰。

本章小结

本章主要学习家具装饰设计基础知识，家具装饰是用涂饰、贴面、镶嵌、雕刻等方法对家具表面进行装饰性加工的过程，达到使家具更加美观、保护家具、延长其使用寿命的目的。家具装饰设计包括功能性装饰和艺术性装饰两大类。

思考题与习题

1. 简述家具装饰设计的作用是什么？
2. 简述家具装饰设计的分类。
3. 家具的功能性装饰设计有哪些？
4. 家具的艺术性装饰设计有哪些？

第 9 章　家具结构与工艺设计

学习目标：

1. 熟悉榫接合的各部分的名称；榫接合的类型。
2. 熟悉框式家具的结构；了解框式家具生产工艺。
3. 熟悉板件类型；了解空心与实心板件的板式家具生产工艺。
4. 了解软体沙发的结构与生产工艺。

学习重点：

1. 框式家具的结构。
2. 板式家具的结构。
3. 软体沙发的结构。

学习建议：

1. 阅读家具设计技术、家具生产工艺等相关书籍。
2. 参观家具工厂，加深对家具结构与生产设备、生产工艺的认识。

所有的家具都是由各种形状、尺寸的零件和部件装配而成的，零件是家具的最基本的组成部分，部件是由零件组装成的独立装配配件。家具结构是指家具零部件的接合方式和装配关系。合理的结构不仅可以增加家具的强度，节约原材料，便于机械化、自动化生产，而且能强化家具造型艺术的个性。结构设计依据功能要求、材料性质和工艺技术条件而定。

家具生产工艺，是指利用各种家具材料，按照设计的技术要求，经过一系列复杂的加工和装饰工艺，获得一定类型家具产品的全过程。确定家具生产工艺时，要综合考虑家具材料、家具结构、生产设备、技术要求等因素。

9.1　框式家具的结构与工艺

实木家具多是以榫结合的框架为主要结构特征，其结构的合理与否直接影响到家具的美观性、接合强度和加工工艺。除榫接合外，实木家具还采用钉接合、木螺钉接合、胶接合、连接件接合等。

9.1.1　家具的榫接合

榫接合是由榫头嵌入榫眼或榫沟的接合，常用于固定接合部位和定位。

9.1.1.1　榫接合的各部分的名称

榫接合的各部分的名称如图 9-1 所示。

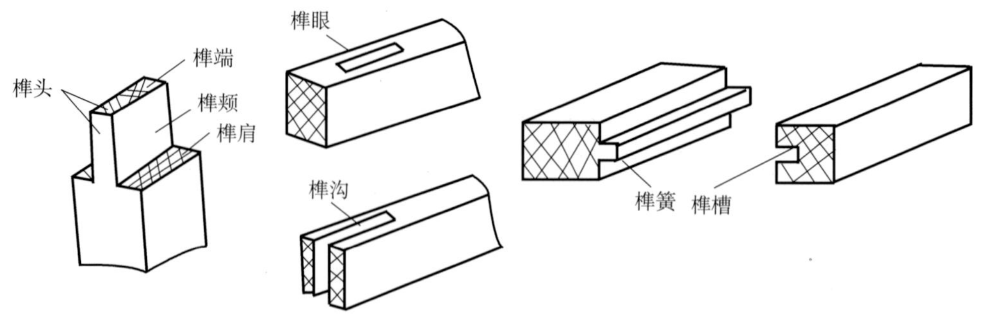

图 9-1　榫接合的各部分的名称

9.1.1.2　榫接合的类型

（1）按榫头数目多少分：可分为单榫、双榫、多榫等（见图 9-2）。

（2）根据榫头的形状分：可分为直角榫、燕尾榫、圆榫、齿形榫、椭圆榫等（见图 9-3）。

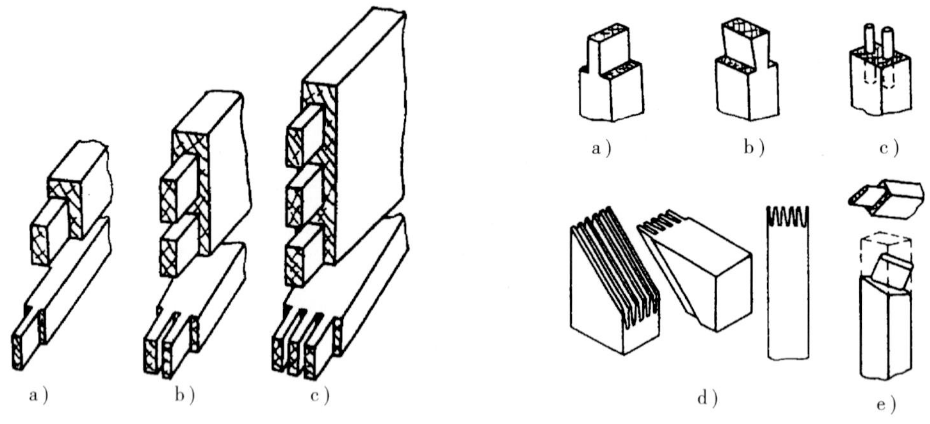

图 9-2　单榫、双榫、多榫

图 9-3　榫头形状

a）直角榫　b）燕尾榫　c）圆榫　d）齿形榫　e）椭圆榫

直榫一般应用于木制品框架的接合；燕尾榫接合紧密、结构牢固，可防止榫头前后错动，常用于传统家具箱框、抽屉等处的结合；圆榫主要用于板式家具的定位和接合；齿形榫一般用于短料接长，广泛用于指接集成材；椭圆榫常用于椅框的接合。

（3）根据榫头与方材之间是否分离分：可分为整体榫、插入榫。

整体榫是直接在方材上加工出榫头；插入榫的榫头和方材不是一个整体。

（4）根据接合后能否看到榫头的侧边分：开口贯通榫、闭口贯通榫、闭口不贯通榫与半闭口榫等（见图 9-4）。

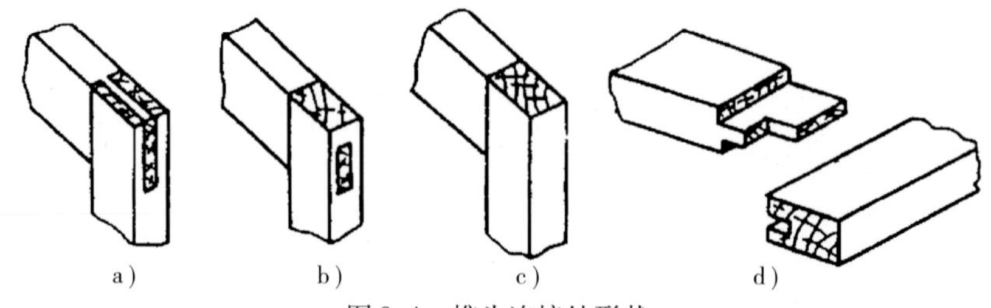

图 9-4　榫头连接处形状

a）开口贯通榫　b）闭口贯通榫　c）闭口不贯通榫　d）半闭口榫

9.1.2 框架结构

框架是框式家具的基本结构部件，也是框式家具的受力构件，框式家具由一系列的框架构成。最简单的框架由纵横各两根方材通过榫接合而成，有的框架有嵌板，有的嵌玻璃，有的是中空的。纵向的方材称“立挺”，横向的方材称“帽头”；如框架中间再加方材，纵向的称“立档”，横向的称“横档”（见图 9-5）。

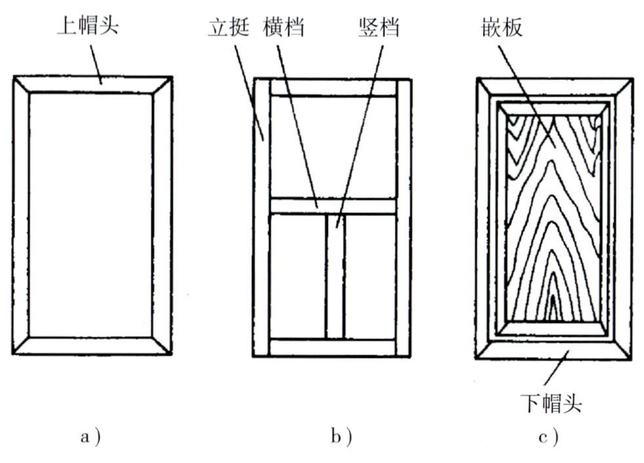

图 9-5 框架结构

9.1.2.1 框角接合

根据方材断面及所用部位的不同，可采用直角接合、斜角接合、中部接合等多种形式。

1. 直角接合

直角接合多采用整体榫，也有的采用圆榫接合（见图 9-6）。

2. 斜角接合

斜角接合可使不易装饰的方材的端部不外露，提高装饰质量，但接合强度较小，加工较复杂。它是将两根接合的方材端部的榫肩切成 45°的斜面后再进行接合（见图 9-7）。

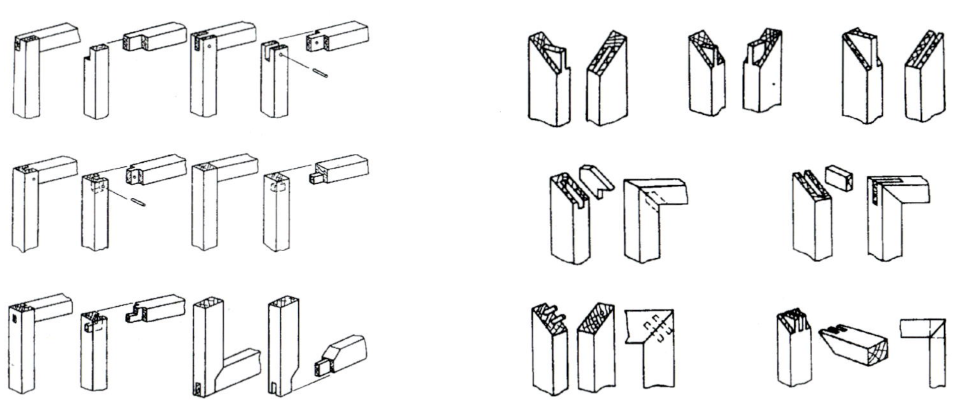

图 9-6 框架直角接合　　图 9-7 框架斜角接合

9.1.2.2 中部接合

木框的中部接合，指框架内横档和竖档的接合，以及它们分别与主框方材的接合，包括各类框架的横档、立档，如椅子和桌子的牵脚档等（见图9-8）。

9.1.3 嵌板结构

嵌板结构（见图9-9）是框式家具中常用的结构形式，不仅可以节约珍贵的木材，同时也比整体采用方材拼接稳定，不易变形。一般是在框架内嵌装入人造板或拼板，起封闭与隔离的作用。

9.1.4 拼板结构

9.1.4.1 拼板

用窄的实木板胶拼成所需要宽度的板材称为拼板，传统的框式家具的桌面板、台面板、柜面板、椅座板、嵌板都采用窄板胶拼而成。拼板的接合方法有：平拼、企口拼、搭口拼、穿条拼、插入榫拼、螺钉拼等方法（见图9-10）。当木材含水率发生改变时，拼板的变形是不可避免的，为防止和减少拼板发生翘曲的现象，常采用镶端的方法加以控制。实木拼板消耗木材较多，形状和尺寸也不够稳定，因此，目前常用各种人造板来代替，可以节约木材、减化生产流程。

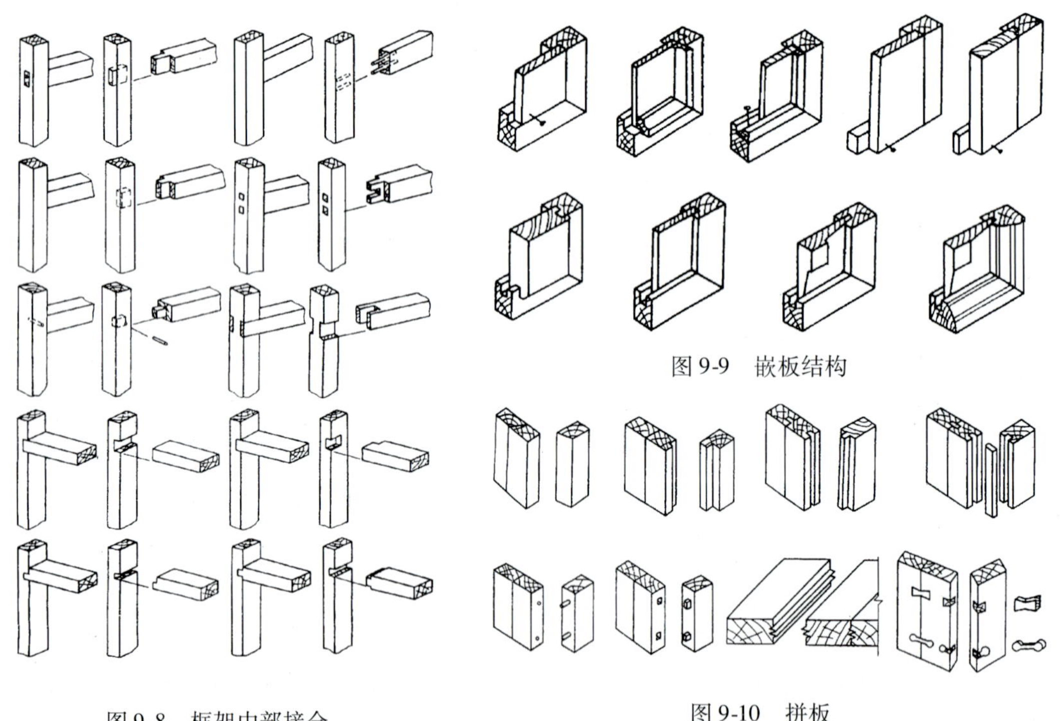

图9-9 嵌板结构

图9-8 框架中部接合

图9-10 拼板

9.1.4.2 接长

为了节约材料，不仅仅是宽度方向，长度方向上的胶接也越来越多地被广泛应用，常用于餐台面等较长的零件上。常用的接长方式有：对接、斜面接和指形接合等方法。

9.1.4.3 胶厚

断面尺寸大的部件和稳定性有特殊要求的部件不仅在长度和宽度上胶接，还需要在厚度上胶合。厚度胶合主要采用平面胶合，各层拼板长度上的接头要错开。

9.1.5 箱框结构

箱框是由四块以上的板材构成的框体或箱体等。常用的接合方法有直角多榫接合、燕尾榫接合、直角槽榫接合、插入榫接合、以及金属连接件接合等接合方式。

9.1.6 脚架结构

在传统的柜类家具中，脚架作为一个独立的部件，是家具主体的支撑部件，由脚、望板、拉档等组成，常见的脚架有亮脚型结构（见图 9-11）、包脚型结构、塞脚型结构三种。

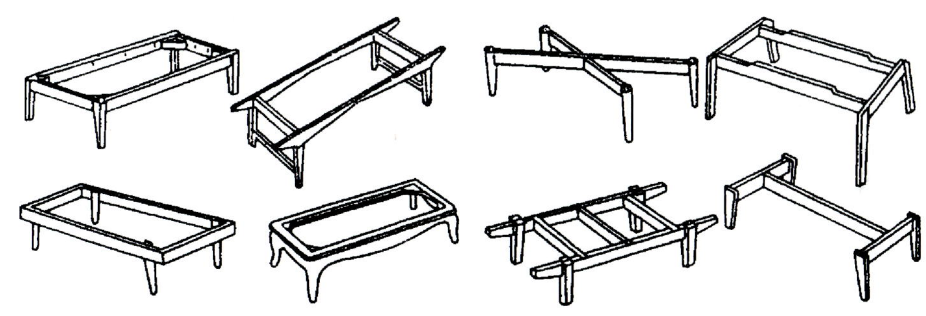

图 9-11 亮脚型结构脚架

9.1.7 中国古典家具结构

以明清家具为代表的中国古典家具，以科学精确的榫卯结构使家具牢固地结合起来，并且方便拆装和修理。明清家具的平板拼合一般采用“龙凤榫加穿带”（见图 9-12），椅面、几面、案面等一般采用攒边打槽装板结构（见图 9-13）。横竖材接合通常采用格肩榫、夹头榫、插肩榫、抱肩榫、粽角榫等，弧形材接合采用楔钉榫等（见图 9-14）。

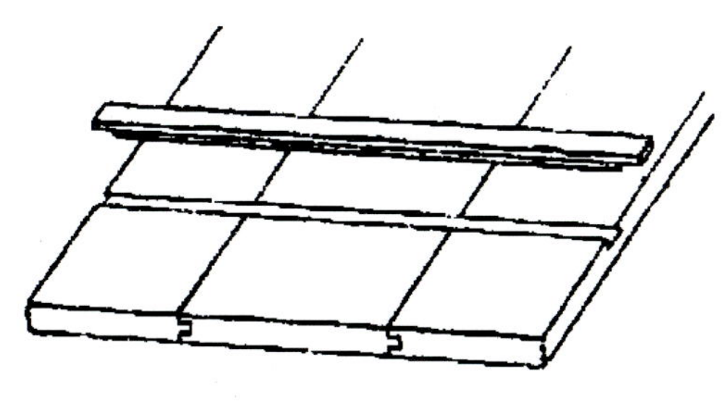

图 9-12 平板拼合

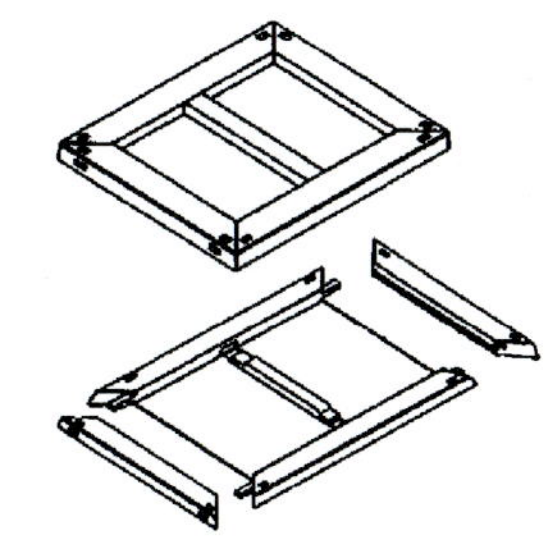

图 9-13 攒边打槽装板结构

9.1.8 框式家具生产工艺

框式家具生产工艺如图 9-15 所示。

1. 木材干燥

为了防止加工好的零部件变形、增加尺寸的稳定性，以及提高其表面涂饰的质量，所有的方材、板材在配料前都必须进行干燥。

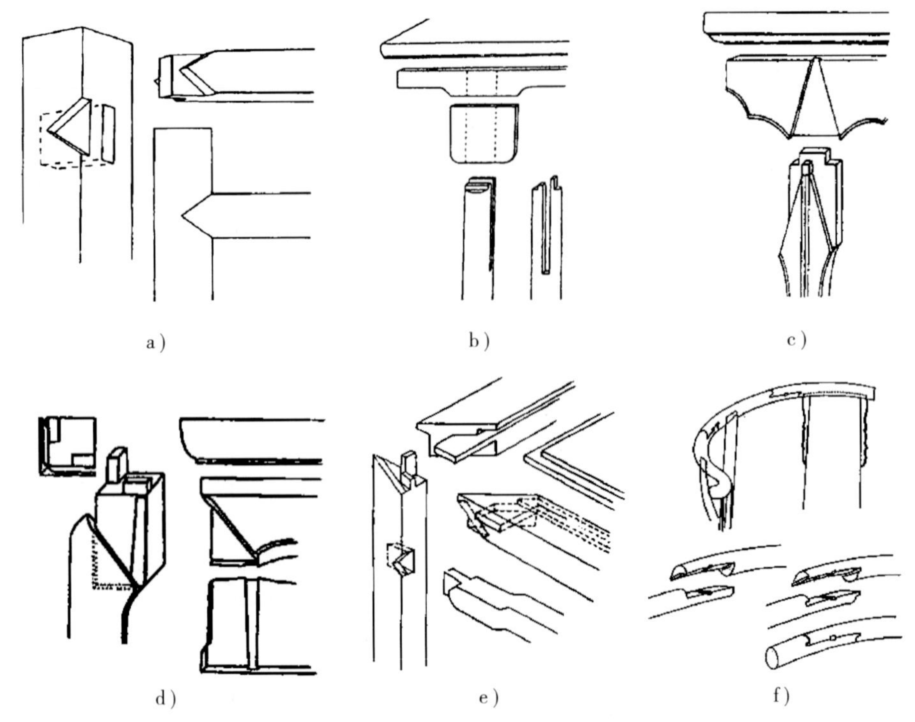

图 9-14　中国古典家具常用的榫结构

a）格肩榫　b）夹头榫　c）插肩榫　d）抱肩榫　e）粽角榫　f）楔钉榫

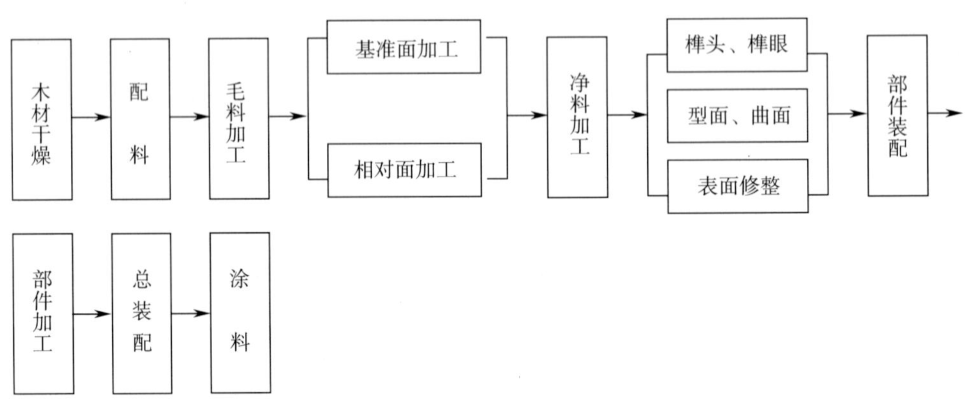

图 9-15　框式家具工艺流程

2. 配料

配料通常叫下料，按照零件尺寸规格和质量要求，将木材锯割成各种规格、形状的毛料的加工过程称为配料。配料包括选料和锯解两大基本工序。

3. 毛料加工

毛料的加工主要包括两个方面的内容：基准面加工与相对面加工。为了保证后面工序的加工质量，必须先在毛料上加工出正确的基准面，作为精基准，因此方材毛料加工，总是从基准面加工开始。基准面包括平面、侧面、端面三个面，可根据不同工艺选择加工基准面。基准的加工一般在刨床或铣床上完成，端面也可在带推架的圆锯或双端锯上加工。基准面加工后，还需对毛料的其余表面进行刨削加工，使其与基准面之间有正确的相对位置，使毛料具有规定的断面尺寸。

4. 净料加工

方材的净料加工包括：榫头加工、榫槽或榫眼加工、型面加工及表面修整四个方面的内容。榫头利用开榫机或铣床加工。榫槽加工一般在刨床、铣床或万能圆锯机上完成。榫眼加工一般在钻床或铣床上完成，加工方榫眼须在钻床上装方形套装。型面的加工主要指边角线型与曲面的加工，一般在铣床上加工。表面修整主要用来除去加工所产生的各种表面不平度，加工设备为净光机或砂光机。

5. 部件装配

将加工好的零件组装成为部件，如将方材拼接成面板框架。

6. 部件加工

零件组装成部件后，有的部件需进行进一步的加工，亦可能存在一些误差，需要修整。

7. 总装配

将零件、部件组装成产品。

8. 涂饰

成品一般须经涂饰工艺，可以起到保护与装饰作用。按漆膜是否透明，可将涂饰分为透明涂饰和不透明涂饰。

9.2　板式家具的结构与工艺

板式家具，指以人造板为基材，以板件为主体，采用专用的五金连接件或圆棒榫连接装配而成的家具。

板式家具是目前家具行业发展最快、也是行业中最具有代表性的家具生产模式。板式家具的生产工艺简单，工艺流程比较成熟，工艺装备完善，能形成现代化的流水生产线，符合现代工业化生产的需要，能以最快的速度向市场提供高质量的产品，适应市场不断变化的需要。板式家具提高了木材的综合利用率，适应现代社会环保的要求和资源的充分利用。此外，板式家具五金件繁多，也极大地丰富了板式家具结构连接的多样性。

9.2.1　板件类型

板件的形式一般可分为两种：空心板、实心板。实心板主要以刨花板或中密度纤维板为芯板，面覆装饰材料一般为薄木、木纹纸、防火胶板等。空心板根据芯板的结构不同，可以分为：栅状空心板、格状空心板、网格空心板、蜂窝空心板等。

9.2.2　板件的封边和包边

各种板式部件的表面覆面后，边部裸露出基材，严重影响了产品的外观质量，而且还会因大气温度、湿度的变化而吸湿膨胀变形，所以要进行封边和包边处理。

板式部件封边材料，可采用薄木、实心木条、PVC 封边带等。封边带封边一般用于实心板件的边部处理，具有处理速度快、自动化程度高、成本低等特点。实木封边通常用于表面覆贴薄木的实心板件或加厚件的边部处理，且多用于高档家具。

根据封边部件的形状可分为直线型封边和曲线型封边，还可以对基材进行包边，一般用于板式家具的面板、顶板、门板和抽屉面板上。

9.2.3 板式家具生产工艺

根据板件的形式不同，将生产工艺分为：板件结构为栅状空心板及覆面实心板的生产工艺。

1. 板件结构为栅状空心板

栅状空心板一般用于厚度较大的板件，如大班台、会议桌的面板等，一般工艺流程如图9-16所示。

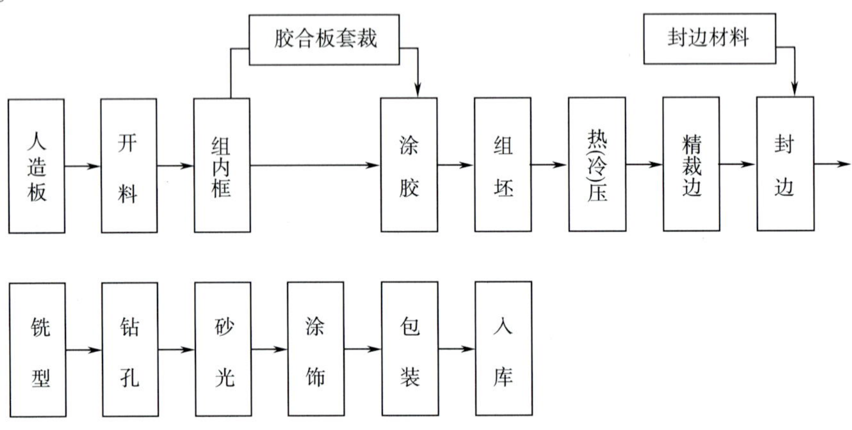

图9-16 板件结构为栅状空心板的生产工艺流程

2. 板件结构为覆面实心板

实心板件是在生产中最常用的一种，常以15mm、18mm、25mm等规格的刨花板或中密度纤维板作为基材，一般加工工艺流程如图9-17所示。

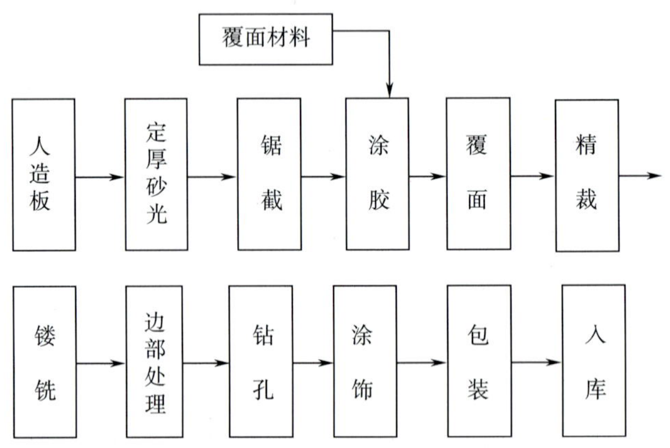

图9-17 板件结构为实心板的生产工艺流程图

（1）定厚砂光：基材（中密度纤维板或刨花板）通过宽带式砂光机定厚砂光，可以得到统一的标准板厚，消除或减少装配误差，对于质量较稳定的基材，可省略该工序，对家具产品的影响不大。

（2）锯截：利用推台锯、电子开料锯或开料圆锯，把较大幅面人造板基材按规格尺寸加工成各种板式部件。

（3）覆面：常用的覆面材料有：PVC、薄木、木纹纸、防火板等，每一种覆面材料都有不同纹理与色彩供选择。贴覆可用手工或机械加工的方法，采用冷压或热压。如果贴覆比较珍贵的薄木，为了节约材料，可选择先进行裁板，然后贴薄木，再进行精裁的工艺。

（4）精裁：一般采用推台式精密开料锯、往复式电子自动开料锯进行加工。

（5）铣型面：主要用于丰富板件的边部型面，提高板式家具的档次，如茶几的台面边线等，一般在铣床上加工。

（6）边部处理：实心板式部件边部处理包括裁边、铣边（修边）和封边，覆面装饰板完成锯截后可直接进入封边工序。对于垂直的边部，可直接用直线或曲线封边机封边，对于有型面的边部，则可进行包边，或用实木封边后再进行铣型。

（7）钻孔：拆装板式家具的钻孔工序是一道重要的工序，孔位的位置误差与孔径的精度是实现拆装的基本保证。钻孔一般采用排钻加工。排钻又可分单排钻或多排钻，两钻头之间的距离为32mm，且固定不变，可根据设计的要求选用钻头。

（8）表面涂饰：对于贴覆PVC、防火板等板件无需再进行涂饰。而贴覆薄木、普通木纹纸的板件则需要进行涂饰。一般采用喷涂的方法，进行透明涂饰或不透明涂饰。

9.3 软体家具的结构与工艺

软体家具在传统工艺上是指以弹簧、填充料为主的家具，在现代工艺上还有泡沫塑料成型以及充气成型的具有柔软舒适性能的家具，主要应用在沙发、座椅、床垫等方面，是一种应用很广的普及型家具。

9.3.1 软体沙发结构

按照沙发造型，目前沙发主要分为古典和现代两大类型。古典造型沙发一般都采用传统的造型元素，运用传统的工艺结构，所以结构比较复杂，生产工艺路线长，技术要求高。现代造型沙发的生产工艺比较简单，广泛应用现代新型工艺材料，其生产工艺路线短，便于规模化生产。

沙发主要由框架与软体结构两大部分构成。

9.3.1.1 框架

框架是沙发的支架，构成沙发主体结构和基本造型，主要满足沙发的造型要求和强度要求。框架材料主要是木材、钢材、人造板等。

1. 木框架结构

木框架结构主要采用明榫接合、螺钉接合、圆钉接合以及连接件接合等方式连接（见图9-18）。因为有软体材料的包覆，除扶手和脚型等外露的部件，其他构件的

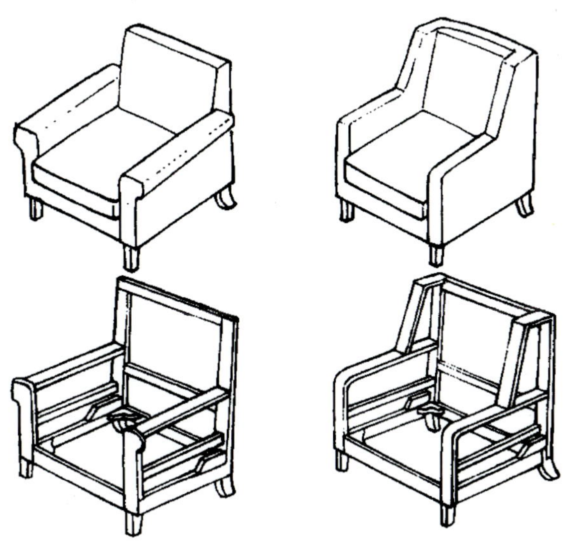

图9-18 沙发木框架结构

加工精度要求不高。

2. 钢架结构

一般采用焊接或螺钉接合，也有的采用弯管成型。

3. 塑料支架结构

由于塑料可注塑、压延成型的特点，常与软体结构一次成型。

9. 3. 1. 2　软体结构

填充料与面料组成沙发的软体结构，对沙发的舒适度起着决定性作用。传统的填充料是棕丝、弹簧，现在常用的是各种功能的发泡塑料、海绵、合成材料等。沙发面料包括皮革、织物等。

软体结构又可分为薄型软体和厚型软体两种。

1. 薄型软体结构

薄型软体结构也叫半软体结构，如用藤面、绳面、布面、皮革面、塑料纺织面、棕绷面及人造革面等材料制成的产品，也有部分用薄层海绵的。

2. 厚型软体结构

厚型软体结构可分为两种形式，一种是传统的弹簧结构（见图 9-19），利用弹簧做软体材料，然后在弹簧上包覆棕丝、棉花、泡沫塑料、海绵等，最后再包覆装饰布面。弹簧有盘簧、拉簧、弓（蛇）簧等。另一种为现代沙发结构（见图 9-20），也叫软垫结构。整个结构可以分为两部分，一部分是由支架蒙面（或绷带）而成的底胎；另一部分是软垫，由泡沫塑料（或发泡橡胶）与面料构成。

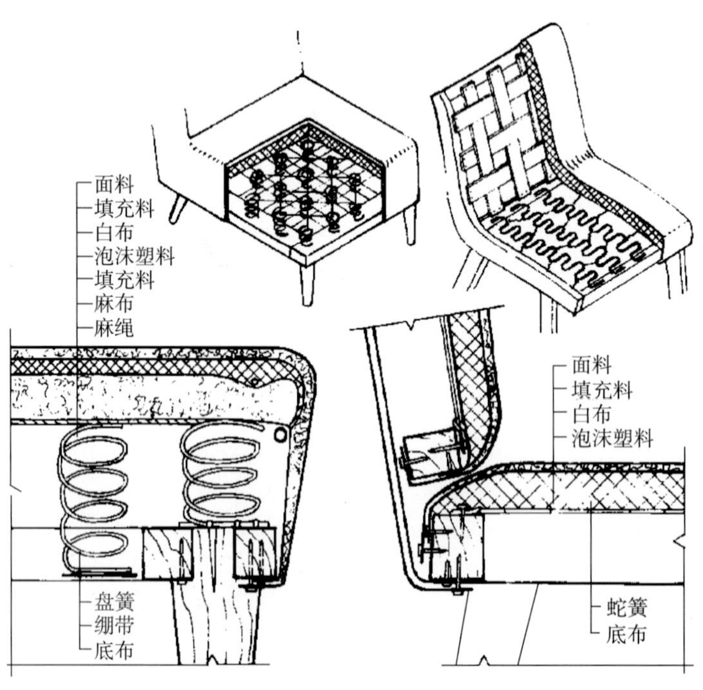

图 9-19　传统沙发软体结构

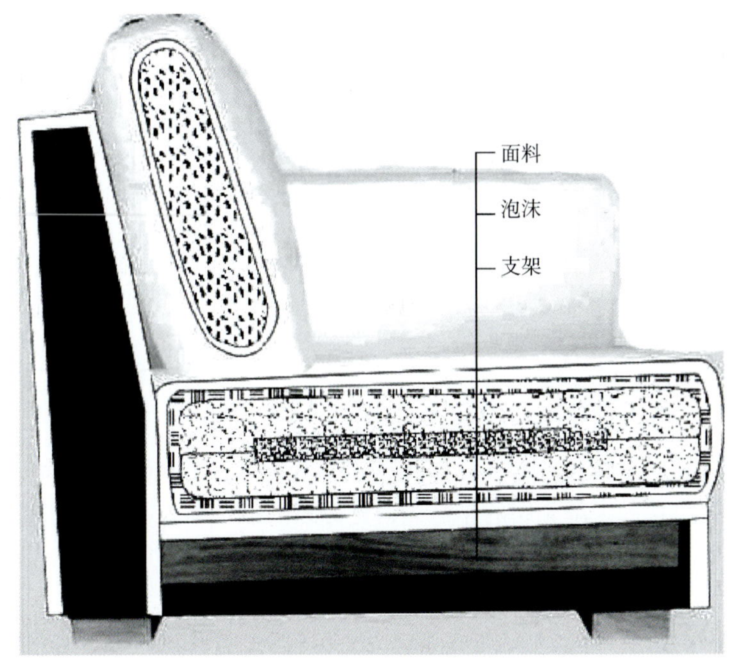

图 9-20　现代沙发软体结构

9.3.2　软体沙发生产工艺

9.3.2.1　传统木框架沙发制作工艺

传统木框架沙发的制作工艺如图 9-21 所示。

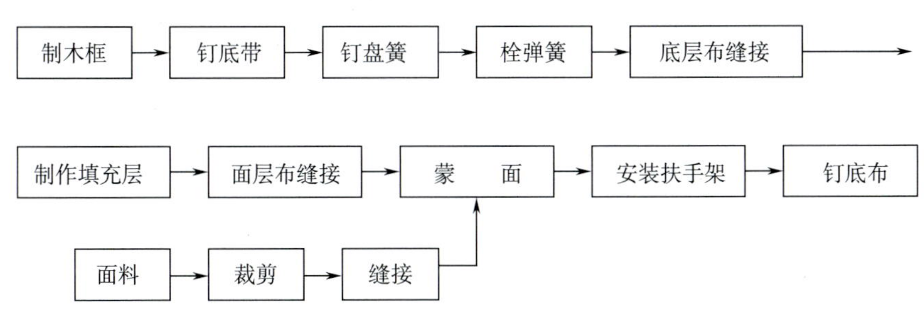

图 9-21　传统木框架沙发工艺流程

1. 钉底带

用 50mm 宽的绷带做底带时，底带应横竖交错排列，密度依弹簧的数量和受力情况而定，底带两端用钉分别固定在四周的边框上，也可用木底带，采用榫接合，同框架连为一个整体。木底带呈平行排列，间距 65～80mm，但木底带弹性较差。

2. 钉盘簧

将盘簧固定在绷带上或固定在木架上称为钉盘簧。当底带为绷带时，用缝接法，利用弯针、沙发绳将盘簧底层缝接在底带上；当为木底带时，用钉接法，用骑马钉将盘簧底层钉在木架上。盘簧的排列，应根据盘簧最大外径，以沙发座身、靠背、软垫的实际尺寸来确定，排列应均匀。

3. 栓弹簧

栓弹簧即是利用沙发绳将弹簧穿接成为一个整体，这道工序是沙发制作中的一个重要环节，关系到沙发的制作质量和使用效果。栓接的方法一般用吊底法，纵横斜三个方向绳路构成“米”字分布。

4. 底层布缝接

选择适当的布（传统用麻布）做底层包覆材料，采用缝接和钉接的方法，将底布与弹簧、支架固定在一起。

5. 制作填充层

棕丝、棉花、海棉等都可作为填充材料。填充层厚度应均匀，主要受力部位可适增加厚度，以平整柔软为标准，不可出现凹凸不平的现象。

6. 面层布缝接

面层布主要起包覆固定填充层的作用，因此，面层布应具有一定的抗拉力。一般采用缝接和钉接的方法。

7. 蒙面

为使沙发饱满而富有弹性，在蒙面之前，应先在面料背面缝制一层薄胶棉。将裁剪好的面料缝接在一起，与沙发的轮廓一致，最后用枪钉固定在边框上。

8. 钉底布

底布包括座面底布和靠背底布，是沙发的一层保护性材料，以防止灰尘进入沙发内部，一般采用泡钉固定。

9.3.2.2 现代沙发制作工艺

与传统沙发生产工艺相比，现代沙发制作少了钉底带、钉盘簧、栓弹簧等工序（见图9-22）。

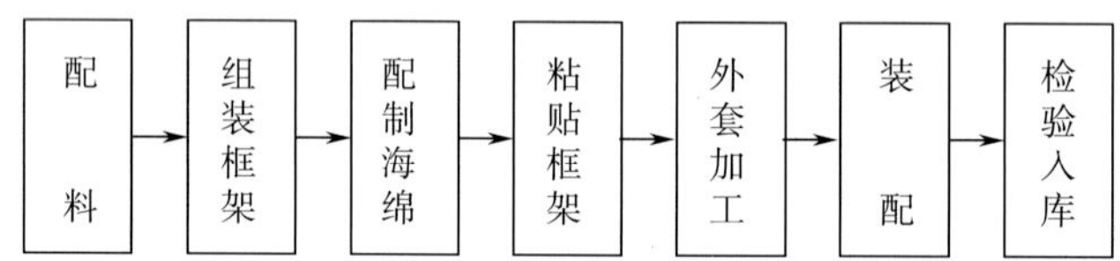

图 9-22 现代木框架沙发工艺流程

1. 配料

沙发框架用材大部分是板材，用开料锯或圆锯锯截直线型的板材，用带锯锯切曲线型板材。对于实木的框架、扶手、装饰件，与实木家具的加工基本一致。

2. 组装框架

将配制好的板材、弯曲件、方材组合成框，并且封上底板。制成的沙发框架要注意其框架尺寸和强度。

3. 配制海绵

根据要求的规格、尺寸，划线、切割海绵。

4. 粘贴框架

在框架上钉松紧带、钉纱布、胶粘薄或厚海绵。

5. 外套加工

包括外套的裁剪与缝制。根据配料要求，按面料进行裁剪，再根据不同的工艺要求在不同的缝制设备上缝制成外套、靠垫套等。

6. 装配

将粘贴好的框架，加工好的内、外套，各种饰件、配件组装成沙发。一般流程是在粘有海绵的框架上钉内套，然后套上外套并固定，再装上装饰件，钉底布、装沙发脚。

本章小结

本章主要介绍实木框式家具、板式家具、软体沙发等家具零部件的结合方式、结构形式，以及生产过程。通过学习、了解和熟悉家具结构与生产的基本理论知识，在设计家具时，根据各种制品的不同技术要求，合理选择结合方法和结构。

思考题与习题

1. 说明榫接合的类型、特点与应用。
2. 说明框式家具加工过程及主要加工内容。
3. 说明板式家具的板件类型、应用与生产过程。
4. 分别说明传统与现代软体沙发的结构与生产过程。

第 10 章　家具设计综合应用

学习目标：

1. 掌握民用家具造型设计与应用。
2. 掌握酒店客房、餐饮、娱乐空间家具造型设计。
3. 掌握办公室家具造型设计。

学习重点：

1. 民用家具设计与应用。
2. 公共空间家具设计与应用。

学习建议：

1. 综合运用家具在实际生活中运用的特点，家具在室内装修中所占的比例关系，加深对家具造型的理解。

2. 理解并运用专业知识，完成家具在公共场所应用的市场调研报告及设计实训。

10.1　民用家具设计

10.1.1　客厅家具

客厅是家庭成员日常生活的共享空间，也是交流信息和感情的空间，通常具有休息、交谈、娱乐、会客甚至就餐等多种功能。客厅在家中的使用率最高，所以客厅家具也就显得尤为重要，它既有很高的实用性，又能体现主人品位，需要合理设计、精心布置。

10.1.1.1　客厅家具的种类

客厅家具一般包括沙发、茶几、躺椅、电视音响组合柜、精品陈列柜、花台花架、棋牌桌、书架、CD 碟片架、屏风隔断架等。

1. 沙发

沙发的花色类型繁多，是客厅中的主要家具，也是影响客厅整体格调的重要因素之一。根据材料，可分为全木沙发、竹藤沙发、皮革沙发、布艺沙发等；根据风格，有美式、欧式、日式、中式沙发等；根据座位数，有单人、双人、三人、组合沙发等。根据靠背高低，有高背沙发、低背沙发、普通沙发等。

全木沙发指沙发的整体均为木材制作而成；皮革或布艺沙发指沙发的框架为木材或金属，靠背、扶手、坐垫包蒙皮革或织物。

美式沙发形体较大，松软舒适、造型古朴、富有质感（见图 10-1）。日式沙发清新自然、素雅洁净，尺寸比较矮小（见图 10-2）。中式沙发的特点主要以实木框架结构为主，上面放置软质坐垫，根据不同季节可以更换其坐垫（见图 10-3）。欧式沙发追求浪漫主义色彩，极具华丽性、装饰性，它的特点是结构简练、线条流畅、艺术性强、色彩鲜艳（见图 10-4）。

图 10-1　美式沙发

图 10-2　日式沙发

图 10-3　中式沙发

图 10-4　欧式沙发

高背沙发又称为航空式座椅。它的特点是有三个支点，使人的腰、肩部、后脑同时靠在曲面靠背上。普通沙发是最常见的一种，它一般都有两个支撑点承托腰椎，能获得与身体背部相配合的曲面。低背沙发属于休息型的轻便沙发，它以一个支撑点来承托使用者的腰部（即腰椎），沙发靠背高度较低，靠背的角度也较小，不仅有利于休息，而且整个沙发比较方便、轻巧，占地较小。

2. 茶几

在客厅中，茶几是具有鲜明个性特征的家居用品和装饰品。茶几最初的功能比较单一，通常用来放置茶具，因此被称为“茶几”，在国外，也称为“咖啡桌”。茶几的材料多样，造型丰富，材料有实木、玻璃、石材、竹藤等。形式上有方形、长方形、圆形、多边形、不规则形等。

在现代家居中，茶几的位置十分灵活，放在沙发前是正式的茶几，此外也演变出角几、电话几等（见图 10-5）。

3. 视听柜、装饰柜

电视机及其他音像设备的产生，使视听柜成为现代客厅中重要的家具。人们又往往将工

a) b) c) d) e) f) g) h)

图 10-5　各种形式的茶几、角几

艺摆设、茶具、酒具等的陈设与视听柜的功能结合起来（见图 10-6 和图 10-7）。

图 10-6　视听柜

图 10-7　装饰柜

视听柜造型与电视机背景墙在客厅占有重要地位，是设计的重点。电视机柜造型要与电视机规格和尺度协调统一，一般电视机柜矮小精致，满足使用功能，同时追求其造型和风格与客厅相吻合，如色彩、尺度、线条等。

4. 其他家具

包括隔板（见图 10-8）、吊柜（见图 10-9）、展示架（见图 10-10）等。隔板一般由几层相互平行的薄板组成，起到装饰美化客厅环境的效果；吊柜一般固定在墙体上，与下面的低柜或地台形成平行的线条，用于摆放小件物品；展示架一般用来展示古玩等物品（见图 10-10）。

图 10-8　隔板

图 10-9　吊柜

图 10-10　展示架

10.1.1.2 客厅家具的设计原则

客厅家具的布置应以宽敞为原则，空间组织要流畅自然，体现舒适协调的一种休闲氛围感觉。客厅家具造型风格要和谐统一，质地、表面色彩要协调，家具的尺度与客厅的面积要匹配，具有一种完整的感觉。

首先，设计客厅家具时要确立和突出一个视觉中心，也是客厅的展示中心和趣味中心，一般选在客厅的音像柜或装饰柜上。家具设计要满足多功能的需要，就现代家具而言，起居室家具要满足就坐、接待、娱乐、展示等功能。

客厅家具造型宜简洁明快。吊柜、隔板的位置宜低矮平直，电视机柜应高度适中，线条简洁流畅，色彩简单洁净，对比明快，与墙壁色彩形成一定的色彩反差。

家具设计风格应平和自然，既有现代气息，又不过分张扬，同时具有较强的实用性，没有过多装饰。

10.1.1.3 客厅家具的设计要求

沙发作为起居室家具的主要构成部分之一，由于其主要功能是供人休息，所以在其座面的三维尺寸确定方面应特殊一些，使人在使用过程中获得一种轻松感。靠背高度以人体肩胛骨下沿为宜，国家标准规定靠背高应大于 275mm。沙发的垫性，简易沙发座面弹性下沉量以 70mm 为宜，中大型沙发座面弹性下沉量可达 80 ~ 120mm；背部弹性下沉量为 30 ~ 45mm，腰部下沉量以 35mm 为宜；沙发扶手上沿离地面高度一般为 550 ~ 580mm。有时候真皮沙发的尺寸由于造型需要可以有较大变化，但一般不超出以上的尺寸范围。轻便扶手沙发在小面积居室中，因其体量小、重量轻、使用方便而得到广泛应用，它的主要尺寸为：座面宽度 520 ~ 560mm，座高 380 ~ 400mm，沙发背高 580 ~ 750mm，靠背斜角大于 105°。沙发在满足人们休息的同时，还应考虑各家具间的相互关系。就起居室的视觉中心而言，要求人眼到视觉中心的距离大于电视屏幕对角线的 5 ~ 6 倍，如 540mm 电视，距沙发至少要 2700mm 才不易使人产生视觉疲劳。视觉中心的高度应等于或略低于人眼的水平视线，如座高为 350 ~ 430mm 的沙发，人落座后视高为 1250 ~ 1330mm，要以此高度来设计电视柜（或书架）的高度。而同时还应考虑沙发与茶几、沙发与沙发之间的相互位置关系。

视听柜、装饰柜有高柜、矮柜、高低柜之分。一般来说，小居室宜采用矮柜。柜的构成尺寸及设计要根据物品的尺寸、室内空间的功能和使用要求以及形式美的法则来进行，一般综合柜的单元尺寸为 450mm、600mm、900mm，高为 400mm、640mm、1280mm、1920mm、2240mm，深为 300mm、450mm、500mm。

茶几的尺寸和形式，要视其使用位置进行选择，如沙发之间的靠墙茶几一般是长方形，也可以是台阶状的；形体较小的拐角茶几（花几）一般采用方形，边长不超过沙发外转深度。与沙发相对放置的茶几，不宜采用台阶状，一般台面平整，形状可以有多种形式，但方形更端庄。茶几高度一般比沙发扶手面低，而比沙发座面高 40 ~ 50mm，几面离地高度一般是 300 ~ 450mm。方茶几的宽度一般不大于 1100mm，长方形茶几的长边一般为 1200 ~ 1600mm，短边长度不小于 500mm。

10.1.2 餐厅家具

餐厅是用来进餐、聚集、交流的场所，其主要形式有厨房兼餐厅、客厅兼餐厅、独立餐厅等。餐厅家具主要包括餐桌、餐椅、餐具柜等。

10.1.2.1 餐厅家具的种类

1. 餐桌

从形态上分，餐桌有方桌、长方桌、圆桌等。

方桌是常用的餐桌形式。宽度760mm，高度710mm，配置415mm高度的座椅，是餐桌的标准尺度。方桌的宽度不宜小于700mm，否则，对坐时会因餐桌太窄而互相碰脚（见图10-11）。

圆桌桌面直径一般为900mm、1200mm、1350mm、1500mm、1800mm，根据使用人数确定（见图10-12）。

图10-11 方形餐桌

图10-12 圆形餐桌

长方桌一般称之为“西餐桌”，其宽度为700~1200mm，长度为1400~2100mm，高度为710~780mm。一般六人长方形餐桌，其尺寸为1400mm×740mm×720mm（见图10-13）。

a）

b）

图10-13 长方形餐桌

2. 餐具柜

餐具柜通常采用上、下两个单体组合的设计形式，上部采用玻璃门透视结构，在顶部装有射灯或筒灯，以充分展示餐具、酒具、器皿，其深度一般为260~350mm。下部为低柜，较上部深度大些，以400~450mm为宜。餐柜的高度、宽度、深度要与餐厅整体空间的比例相协调（见图10-14）。

a)

b)

图 10-14　餐柜

10.1.2.2　餐厅家具的设计要求

餐厅的家具从造型、色彩、质地等方面都要精心选择。餐桌样式主要以矩形、方形和圆桌为主，矩形餐桌可以折叠，根据使用需要再进行收缩或放开，它的特点是灵活多用、节约空间，受到消费者的青睐。

餐厅顶部造型与餐桌的形状要尽可能和谐呼应。如方形餐桌配置方形或矩形顶部造型；圆形餐桌和圆形吊顶相得益彰。在餐桌的材料选择上，有纯天然木质材料、金属电镀配人造革或纺织物、钢化玻璃配置不锈钢管等。

10.1.3　厨房家具

厨房是家务劳动的主要场所，应该以人为本，现代厨柜是近年来随着社会发展而新出现的家具类别，并得到了快速发展。现代厨柜的功能已经超出了传统的储藏、操作、冲洗、烹调的概念，将原属客厅的展示、交流功能，原属饭厅的就餐功能引入进来；并且将传统功能扩展，如将洗衣机、洗碗机引入厨柜。但按照我国的国情和普通消费者的经济能力，传统的储藏、操作、冲洗、烹调功能依然是人们设计和使用厨柜的基本出发点。

10.1.3.1　厨房家具的形式

厨房设计最基本的概念是“三角形工作空间”。当设计一个厨房时，厨柜设计师的一个主要任务是将工作三角形的总边长保持在一个可管理的尺寸内，从理论上说，该三角形的总边长越小，则人们在厨房中工作时的劳动强度和时间耗费就越小。

厨柜操作台面形状一般有：直线形、L 形、U 形和岛形等（见图 10-15 至图 10-18）。直线形操作台面，一般适用于厨房面积较小的居室。L 形、U 形操作台面，要注意灶台、洗菜盆的放置位置。灶台一般靠近有实墙的一面，便于油烟机的挂置，洗菜盆一般在有窗户的墙面处。岛形操作台面，要充分考虑油烟的排放和厨房工作流程的安排。

图 10-15　直线形

图 10-16　L 形

图 10-17　U 形

图 10-18　岛形

10.1.3.2　厨房家具的设计要求

厨房家具的色彩搭配要考虑其性质。厨房家具面板在材料和色彩的选择上，一般要从防火、防油烟及色彩的“三要素”（色相、纯度、色度）上着手。色相上可以选冷色调、低纯度、艳度不高的一些色彩，如浅灰蓝、浅灰绿等。当然，不同的消费群体，不同的文化修养、职业等，对色彩有着各自的感性认识。

设计厨房家具时，除了要看空间布局是否合理之外，还要充分考虑厨房中洗刷、料理、烹饪、储藏食品这四大基本功能。在材料的选择上，柜体的主板材一般为刨花板、中密度纤维板、防火板等，具有耐热、阻燃、防腐、易清洁等特点。

设计师在设计时还要考虑在厨房中操作人员的活动路线，尽可能有效地利用时间，用最短的距离完成整个工作流程等。此外，设计师还要与消费者进行全面的沟通，包括色泽和材质方面，同时还要了解消费者目前已有的家电情况，将这些家电也设计到厨柜中去，让整个厨房的空间得到有效利用，并且和谐美观，这样才能达到最好的设计效果。

设计橱柜时要采用环保材质。橱柜材质的环保性主要体现在所用板材、台面和封边的胶粘剂上，这些材料要达到环保要求。其中板材需选用甲醛释放量达到标准的人造板材，而台面则要注意天然石材可能具有的放射性，一般来说，防火板台面和人造石台面是较好的选择。

10.1.4 卧室家具

卧室是人睡眠、休息的地方。卧室家具主要包括以床为主体的休息区，以衣柜为主体的储藏区，以梳妆台、凳为中心的梳妆区。

10.1.4.1 卧室家具的类型

1. 床

根据床的设计风格，分为现代式、古典式、乡村式等；根据床所使用的主体材料，分为实木、竹藤、人造板、金属等；根据床的形状，分为长方形、圆形、不规则形等，以长方形为主（见图10-19）。床还可分为单人床、双人床、沙发床、双层床等。

a)　b)　c)　d)　e)　f)

图10-19　各种形式的床

2. 整体衣柜

整体衣柜结构稳定，使用方便，能有效提高空间利用率，且订做方便。它既实现了工业化的生产，又可以根据个人喜好和居室空间量身订做，显现出现代时尚家具的优势，已走入越来越多的家庭之中（见图 10-20）。

a)

b)

图 10-20　整体衣柜

3. 储藏柜

其主要功能是收藏衣服、皮包、床上用品等，使用的主要材料是人造板。根据柜门数目，可分为两门、三门、四门储藏柜等（见图 10-21）。

a)

b)

图 10-21　储藏柜

4. 梳妆台、凳（椅）

梳妆台、凳（椅）主要供家庭成员整理仪容、梳妆打扮，特别受家庭中女性成员的喜爱。在小居室时，梳妆台有时兼具写字台、床头柜或茶几的功能。一般由梳妆镜、梳妆台面、梳妆品柜、梳妆凳（椅）组成。梳妆凳座面有圆形、方形、长方形、椭圆形等几种形式。梳妆台有几种形式：一种是梳妆者可将腿部放入台面以下，便于化妆，平时还可将梳妆椅凳放于台下；另一种是梳妆台采用大面积的镜子，可增加卧室的宽敞感（见图 10-22）。

a）

b）

图 10-22　梳妆台

5. 其他家具

其他家具包括休闲椅、贵妃椅（美人榻）、矮桌或小几等。卧室中休闲椅的尺寸基本与客厅相同或略小，坐座和靠背可适当松软些，以适应卧室轻松、休闲的气氛（见图 10-23）。

a）

b）

图 10-23　其他家具

10.1.4.2　卧室家具的设计要求

卧室家具设计要以床为中心，并以床头板的造型为视觉中心；功能尺寸要符合人体工程学的原则。各类家具在风格上既要统一，又要有变化，色调应尽可能素雅沉稳。

家具布置不宜繁琐，流线简洁明快，老人和儿童房间的家具不要出现过多的“直角”，以免伤害老人和儿童的身体。在色彩的设计上，老人和儿童房间要有目的、有变化地设计，符合各自的年龄阶段和特点。老人房间的家具色彩不宜出现纯度高、彩度艳的色彩，家具造型应简洁，无明显棱角，一般家具面板为木本色，墙壁为白色亚光乳胶漆，墙壁不宜太光亮，避免光、声的折射对身体产生影响。儿童房间根据其性别、年龄大小、爱好特点等进行家具造型和色彩的搭配，可选择明度高、纯度高、彩度艳的色彩，床、写字桌、书架等造型可以适当夸张，营造适合儿童本质特征的氛围。主卧室家具的造型，要根据主人的职业、爱好、经济承受能力等因素进行重点设计，家具的色彩主要征求主人意见和建议有目的地进行搭配。

卧室的主要家具是床，床有单人床和双人床之分。床头柜是置于床边的附属性家具（有时也可与床屏一体），多是小型柜类，主要用于放台灯、书报、茶杯、台钟等。床头柜并非卧室家具必不可少的，有时设两个台架也能满要求，可根据需要来确定。床头柜的构成形式主要有两种：一种是独立式床头柜（或架）；另一种则与床连为一体。床头柜的尺寸没有严格规定，通常结合床的尺度、室内空间及需要来确定，其宽度一般为 450 ~ 550mm，深度为 400 ~ 500mm，高度为 500 ~ 600mm（见图 10-24）。

a)

b)

图 10-24　床与床头柜

衣柜的尺寸在满足国家标准所要求的少数几个功能尺寸的前提下，一般应根据使用空间和使用对象来决定。一般来说，柜高大于 1900mm 时难以适应女性家庭成员取放物品的要求；在 1900mm 以下范围时，根据人体的动作行为和使用的舒适性和方便性，可划为若干储存区。

10.1.5　儿童房家具

儿童房家具主要有：床、衣柜、书柜、玩具柜、书桌和椅子、多功能计算机工作台等。

儿童床的设计通常采用模拟与仿生造型，图案比较夸张、活跃，富有卡通和梦幻色彩。儿童房间的储藏柜在实用的基础上，应注重造型与色彩设计，要功能多样，安全稳固。在尺寸上，学龄前儿童以低柜、小立柜为主，进入少年期后逐步向成人用柜发展。

儿童使用的家具造型宜简洁，椅子有固定靠背式和可升降式，设计儿童桌椅时要注意高度的配合。

儿童房间的书架、书柜形式随意，可在床头、书桌上方的墙体上固定几块层板，放置书籍或玩具。

总之，设计儿童房家具时要做到：造型简洁活泼，色彩明快亮丽，功能实用多变，使用健康安全（见图 10-25）。

a)

b)

图 10-25　儿童房家具

10.1.6　书房家具

10.1.6.1　书房家具的类型

书房中的家具主要是书架、书柜、书桌、工作椅、躺椅或沙发等（见图 10-26）。

书柜是书房中的核心家具，其主要功能是展示、收藏书籍，有时还可起隔断空间、装饰环境的作用。根据结构，可分为组合式、壁架式，也可分为开放式、半开放式、封闭式等。

书桌形式多样，有单柜式、双柜式、单层式、组合式等，可反映出房间主人的品味与气质。

书房中用的椅子有古典式、现代式之分，其造型、格调、色彩要与整体环境一致，设计时应充分考虑人体工程学，以保证使用舒适、高效、安全。在现代书房中，还通常会配备一把休闲椅或休闲沙发，以供休憩时使用。这类家具一般靠背倾角较大，坐面柔软舒适。

a)

b)

图 10-26　书房家具

10.1.6.2　书房家具的设计要求

按照我国正常人体生理计算，书桌高度以 750 ~ 780mm 为宜，考虑到腿的活动区域，要求桌下净高不小于 580mm。座椅和书桌要配套，高低适中，柔软舒适。座椅一般高度为 380 ~ 450mm，以方便人的身体活动。未成年人的书桌，台面高至少为600mm×500mm，高度为580～710mm，座椅也要配合得当。成年男性书写和阅读的桌面一般在680～700mm，成年女性书写和阅读的桌面一般在660～680mm。综上所述，书桌高度在700mm左右比较适中。书房中的家具，一般采用适合家居生活的造型和色彩，不会使用办公桌，否则很难协调家具的色彩与氛围。

书柜和书架都是用来展示、储藏书籍的，只是置书的形式有所变化，一个封闭，一个敞开。应根据实际需求，确定更适合自己书房空间的书架形式。在设计书柜和书架时，高度不宜到顶棚，书柜和书架到顶的造型有两个缺点，一是太高，不符合人体尺度，书籍不易取放；二是造型笨重、不美观。书柜和书架的深度一般为300～400mm，高度一般以1800～2200mm比较适中。

10.2 酒店家具设计

旅游观光产业在国民经济中起着举重轻重的作用，是许多国家的支柱产业。我国自20世纪80年代以来，旅游业迅猛发展，直接推动了酒店的建设。随着现代酒店功能的不断扩展，酒店家具设计已经成为现代家具业中的重要组成部分。现代酒店家具配套设计是酒店设计的重要内容，酒店家具也是公共建筑空间家具中种类最多的。

按酒店的不同功能分区，酒店家具主要包括：①公共区，即大堂家具，包括沙发、座椅、茶几、接待台；②餐饮区，包括餐台、餐椅、吧台、咖啡桌椅等；③客房区，包括床、床屏靠板、床头柜、沙发、茶几、行李架、书桌、座椅、化妆台、壁柜、衣柜等。高级酒店的规模越大，承担社会功能的家具种类越多；经济型酒店功能较简单，家具种类也相对减少。

酒店家具设计有两个方面的含义：一是实用性、舒适性。家具与人的各种活动关系紧密，要处处反映出“以人为本”的设计概念；二是装饰性。家具是实现室内气氛和艺术效果的主要角色。

随着酒店星级的不同，对家具档次、造型的要求也不相同，尤其是不同国家、地区、民族的传统文化与民俗风情也会以文化元素符号的形式在酒店家具设计中表现出来。

10.2.1 酒店大堂空间家具

酒店大堂是酒店在建筑内接待客人的第一个空间，也是使客人对酒店产生第一印象的地方，这里承担接待、登记、结算、寄存、咨询、礼宾、安全等各项功能。酒店大堂的主要家具包括：前台、副理台、沙发、茶几、书报架等。

前台是大堂活动的主要焦点，向客人提供咨询、入住登记、离店结算、贵重品保存等服务（见图10-27）。前台可以设置为柜式（站立式）或桌台式（坐式）。前台两端不宜完全封闭，应有不少于一人出入的宽度，便于前台人员随时为客人提供个性化服务。站式前台的长度与酒店的类型、规模、客源定位和风格均有关系。通常每50～80间客房为一个单元，每个单元的宽度可以控制在1800mm左右。坐式前台以办理入住手续为主，同时必须另外配置一组站式的独立结算柜台。

酒店大堂的沙发、茶几、书报架主要供客人休憩、会客等，这些家具在使用舒适的前提下，要与酒店的定位及整体环境相一致，注重家具的整体造型及细节处理，突出酒店的风格特色（见图 10-28）。

图 10-27　酒店前台

图 10-28　酒店大堂

10.2.2　酒店客房空间家具

酒店客房一般具备以下功能：休息、办公、通信、休闲、娱乐、洗浴、化妆、方便（如厕）、行李存放、会客、私晤、早餐、闲饮、安全等。由于酒店的性质不同，客房的基本功能会有不同程度的增减。酒店客房基本家具包括以下几种（见图 10-29）：

a)

b)

c)

图 10-29　酒店客房家具

（1）床，包括双人床或单人床。

（2）床头柜，装有电视、音响以及照明等设备及开关。

（3）写字台、化妆台以及椅凳。

（4）行李架、冰柜或电冰箱。

（5）衣柜。

（6）休息坐椅，或一套沙发以及咖啡桌。

酒店客房家具应舒适、方便、安全。比如，衣柜的门开闭或滑动时不要发出噪声；写字台、梳妆台的镜前灯要注意防眩光；电视机下设可旋转的搁板，方便满足客人看电视时需要调整电视的角度的需要等。此外，客房家具的整体造型、细节处理、材质、色彩等要突出酒店文化特色。

10.2.3 酒店餐饮空间家具

1. 餐厅、宴会厅家具

餐厅的面积一般以单座 1.85m^2 为标准计算。标准过小会造成拥挤，标准过宽易增加工作人员的劳作时间和精力。家具的造型以及摆设的位置对空间的影响是十分明显的，在家具放置上要充分考虑顾客就餐活动路线和供应路线的关系，避免两者交叉。餐桌椅起到分隔空间的重要作用。宴会厅家具设计，首先设计风格定位，宴会厅装饰风格分为中式风格和欧式风格，风格不同决定餐桌餐椅的造型也不同。目前我国大部分酒店的宴会厅以中式风格居多，主要是考虑消费群体的关系。

在色彩的处理上，要充分考虑餐饮环境。如何营造餐饮环境气氛尤为重要，餐桌椅一般采用实木家具为主，色彩以暖色调为主，如木本色、米黄色、中黄色等，协调餐饮整体空间色调，达到一种餐饮文化氛围（见图 10-30）。

a）

b）

图 10-30 酒店宴会厅家具

2. 餐厅家具尺度

中式餐桌的形状以“圆形”为主，餐桌直径与所容纳的消费人数相关。圆形餐桌直径主要有以下几种：1 人桌为 750mm，2 人桌为 850mm，4 人桌为 1050mm，6 人桌为 1200mm，8 人桌为 1500mm，10 人桌为 1800mm。餐桌高为 720mm，桌底净高 600mm。

方桌尺寸：桌子最小尺度为宽 700mm，4 人方桌为 900mm × 900mm，8 人方桌为 1100mm × 1100mm。

长方桌尺寸：4 人长方桌为 1200mm × 750mm，6 人长方桌（4 人面对面坐，每边坐 2 人，两端各坐 1 人）为 1500mm × 750mm，6 人长方桌（6 人面对面坐，每边坐 3 人）为 1800mm × 750mm；8 人长方桌（6 人面对面坐，每边坐 3 人，两端各坐 1 人）为 2300mm × 750mm，8 人长方桌（8 人面对面坐，每边坐 4 人）为 2400mm × 750mm。

餐椅高度为 440 ~ 450mm，固定桌高 750mm，椅高 450mm。

10.2.4 酒店娱乐空间家具

酒吧在酒店娱乐场所中占有重要的位置，能够满足客人社交、休闲、聚会的需要。酒吧家具主要包括吧台、吧凳（椅）等。酒吧家具设计的风格应与整个酒吧场所的环境相一致，档次应与娱乐场所的氛围相协调（见图 10-31）。

a)

b)

图 10-31 酒吧家具

吧台主要有三种基本形式，其中最为常见的是两端封闭的直线型吧台。这种吧台可突入室内，也可以凹入房间的一端。直线吧台的长度没有固定的尺寸，其长度应根据供应品种的多少、陈列的设施及其功能来确定。通常一个服务员能有效控制的吧台长度大约为 3650mm。

另一种形式的吧台是 U 形吧台，安排三个或更多的操作点，两端抵住墙壁，在 U 形吧台的中间可以设置一个岛形储藏柜，用来存放用品和饮用设施。

第三种吧台类型是环形吧台或中空的方形吧台。这种吧台的中部有一个“小岛”供陈列酒类和储存物品。这种吧台的好处是能够充分展示酒类，也能为客人提供较大的空间。但也有缺点，它使服务难度增大，在空闲时若只有一个服务人员，则他必须照料四个区域，这样就会有一些服务区域不在有效的控制中。

其他还有半圆形、椭圆形、波浪形等吧台，但无论其形状如何，都要根据娱乐场所的特点，既少占用空间，又操作方便且视觉美观来设计。

在设计时应注意酒吧是由前吧、操作台（中心吧）、后吧三部分组成。

吧台高度一般为 1000～1200mm，宽度为 400～500mm。另外，应向外延长一部分，即顾客坐在吧台前时放置手臂的地方，外延大约 200mm，其厚度通常为 40～50mm，外沿常以厚皮或塑料包裹、装饰。

前吧下方的操作台，高度一般为 750mm，可据调酒师身高而定，其高度应在调酒师手腕处，这样比较省力，其宽度约为 460mm。

后吧高度通常为 1750mm 以上，但顶部不可高于调酒师伸手可及处。下层一般为 1100mm 左右，或与吧台（前吧）等高。后吧实际上起着储藏、陈列的作用。后吧上层的橱柜通常陈列酒具、酒杯及各种酒瓶，一般多为配制混合饮料的各种烈酒。下层橱柜存放红葡萄酒及其他酒吧用品，安装在下层的冷藏柜则作冷藏白葡萄酒、啤酒以及各种水果原料之用。通常情况下后吧台还应有制冰机。

前吧至后吧的距离，即服务员的工作走道，一般为 1000mm 左右，且不可有其他设备向走道突出。顶部应装有吸塑板或橡胶板板棚，以保护酒吧服务员的安全。工作走道的地面应铺设塑料或木头条架，或铺设橡胶垫板，以减少服务员长时间站立而产生的疲劳感。

吧椅（凳）的设计强调坐视角度的灵活性，其造型最好简练而精致。吧椅（凳）一般可分为有旋转角度与调节作用的中轴式钢管吧椅（凳）和固定式高脚木制吧椅（凳）两类。吧椅（凳）面与吧台面应保持 250mm 左右的落差，吧台面较高时，吧椅（凳）坐面也应该适当调高一些。另外，吧椅（凳）与吧台下端落脚处应设有支撑脚部的支撑物，如不锈钢管或台阶（见图 10-32）。

a）　　　　　　b）

图 10-32　吧椅（凳）

舞厅的主要区域有舞台、舞池、休息散座和音控室等，每个空间配置相应的家具。休息散座区的家具一般是圈椅配置一个小圆桌（茶几）。卡拉 OK 厅以视听为主，一般设有舞台和视听设备以及桌椅散座，规模较大的卡拉 OK 厅常与餐饮设施相结合。KTV 包房专为家庭或少数亲朋好友自娱自唱之用，设有视听设备、计算机点歌以及茶几、沙发等。在家具设计和材料选择时要考虑吸声、防火性能等因素。包厢沙发以皮质、布艺居多，茶几以木质、不锈钢、玻璃组合使用较多。在造型上可以灵活多变，营造一种休闲放松的环境，使消费群体达到忘我境界（见图 10-33）。

a)

b)

c)

图 10-33　KTV 家具

10.3　办公家具设计

近年来，我国办公家具业非常繁荣，销量逐年增长，产品已由以往单一的桌、椅、柜走向成套、组合形式甚至系统形式，家具的结构功能更合理，品质也不断提高。出现这种现象的原因，一方面是由于我国改革开放的深入促进了第三产业的兴起，企业机制的变化以及行业结构的调整，需要办公家具的数量也随之增加。另一方面是由于现代化办公设备，如计算机、复印机、传真机、电话机、打印机等的普及，传统的办公家具已不适应时代的要求，市场对功能更合理、操作更便利、布置更灵活的办公家具需求量越来越大。第三方面，由于消费观念的变化，办公家具已被一些企业、团体或个人视为其形象或身份的象征，从而对它的特色、档次有了更高的要求，促使其向高档化方向发展。

10.3.1 现代办公室的布局和特点

办公室可分为政府部门行政办公室、企业领导办公室、事业部门办公室等。不同性质办公空间其家具造型与布置也不一样。办公室的功能主要包括办公、接待、组织召开会议、处理资料信息、收发文件、会客、休息等。

现代办公室的布局形式主要有以下几种。

1. 封闭式办公室

这是传统的办公室形式，它由一系列的小房间排列在一起，用一条公共过道把这些房间串联起来，这种房间由于对空间封闭的要求较高，面积不可能太大，一般供 1 ~ 5 人使用。此布局的最大特点是私密性强，适合于有保密性质的机关和部门使用。

2. 大空间办公室

大空间办公室又叫开敞式办公室，其最大特点是空间大、无分隔，工作位置（即办公台的设置）是根据工作的程序，按几何学的规律整齐排列的，这种形式便于管理，有助于加强工作空间的联系，节约交流工作的时间，可大大促进办公效率的提高。由于这种布局是在以设备为中心的观念下设计的，私密性差，没有充分考虑人的心理需求，工作人员的压力大，没有轻松感而且相互干扰大，易产生疲劳。

3. 规整的小空间开放式办公室

规整的小空间开放式办公室又叫景观式或屏风式办公室，即空间由不到顶的屏风隔断，形成半封闭式的空间。由于早期不是用屏风而是用植物来作视线遮挡，故得名景观式。这种办公室既有大空间办公室文件传递的高效率和整齐划一的办公秩序，又有半封闭的空间，它除了考虑工作人员的接触和信息传递的便利外，还特别尊重人的行为特征，注重发挥人的积极性，使办公机构成为一个由不同功能的相互独立而规整划一的系列小空间构成的有机体，从而提高工作效率。

4. 自由布局的小空间开放式办公室

这种办公室在原理上和隔断形式相同，但空间分隔不拘一格，可大可小，办公室根据功能需要自由设置，因而更具功能适应性和可选择性（见图 10-34）。

5. 企业领导办公室

企业领导办公室家具设计与布置的总体原则，要求能够体现企业良好的社会形象及承担社会责任的态度。家具造型要有特色、风格。领导办公室家具一般有办公桌、接待沙发、资料柜、办公智能化设备等，也有的企业在办公空间设置一些休闲设备，如酒水柜、茶座、健身器材等。家具的设计要因人而异，符合现代企业办公空间的要求（见图 10-35）。

a） b）

c）

图 10-34 小空间开放式办公室

10. 3. 2 办公家具的设计原则

1. 功能上要满足办公室现代化的需要

现代办公室比传统的办公室在功能上有了很大发展，因而现代办公室家具类型、尺度和结构都必须与新技术、新设备相适应，保证其功能的实现。

2. 在设计上应注意人机界面的处理

根据人体工程学的发展观念，在自动化的办公室中，人与设备的关系不是对立的，设计应以人为中心，妥善处理人机界面，即办公家具不但要适应人体尺度、动作尺度，而且在办公环境中要考虑到排除视线干扰和噪声干扰，同时给人以安定的心理感受。

图 10-35　领导办公室

3. 在结构上与办公设备相适应

现代办公系统中一切功能设备均需要电源，因而办公家具、屏风的结构都要考虑安装计算机、传真机、电话机、复印机等设备的配电线路的进出口插座，保证线路畅通、外观整齐，另外屏风上还需考虑增减文件架、衣架和壁灯的拆装结构。

4. 注重塑造情感化的办公环境

办公室家具的设计要求通过家具的精心设计组合、绿化布局、隔断安排以及灯光色彩处理，力求形成一个怡人的、具有自然环境特色的工作环境，改变传统办公室的刻板面貌，使之生气勃勃，从而提高工作效率。

5. 注意适应办事机构变更的需要

现代办公室，特别是商贸写字楼，经常要根据工作的需要而增减或调整某些职能机构，因此对屏风式布局空间范围内的家具、设备和隔断屏风也必须作出相应的调整，这就要求屏风以及屏风的附属机构具有可反复拆装、组合灵活便捷的特点。

6. 注意满足办公家庭化的需要

近年来，计算机进入了家庭，这就需要考虑如何在家庭中为这类设备提供适当的位置。如果没有专用的工作室，计算机必然会同其他家具形成强烈反差，因为计算机工业产品的味道太浓。因此，必须在设计中使办公设备与民用家具相协调。办公家庭化的优点正逐步为人们所认识，家庭办公可以省去办公室、水电费，工作人员既可免于路上的奔波，又可自由支配时间。不仅研究工作和写作可以在家中进行，产品广告宣传、咨询服务也可以在家中通过计算机网络和电话机完成，因此，在家里放置计算机、传真机、电话机的配套家具等家庭办公的重要设备，也要按人体工程学的原则进行设计。在国内一些城市，办公家庭化也在逐步出现和发展，对其进行研究，将有利于设计出适应需要的家具。

7. 注意满足办公环境的氛围和心理的需要

办公环境相对于其他环境，比较严肃、庄重，相应地，它所配置的家具也必须适应这一要求。在办公环境中，某些家具的体量关系要适当加大，以营造出一种威严、大气的效果。一方面，使得家具具有比较大的稳定感；另一方面，也使得家具具有强烈的威严气势，以适应高级管理人员的心理诉求。

10.3.3 办公家具及办公空间设计的人性化

在传统的办公室格局中，人们在长方形格子里工作，看上去就像生活在盒子中，分不出彼此。小隔间除了成本较高之外，更重要的后果是阻碍了交流。如果其高度过高，则会使职员们产生一种所谓的“立方体心态”：“我可以为所欲为，没人看得到。”小隔间把人们分开，使他们不能一起工作，不利于办公室人员之间的沟通，甚至会发生相邻而坐的两人做同一个项目，但互相之间却从来没说过一句话的情况。因此，在办公室设计时，必须针对企业特性而各取所长。此外，产业或工作特性也是需要考虑的因素。例如，着重研究发展的工作，需要个人独立性比较强的办公室；业务人员则可以共享一个办公室。对于大多数企业来说，员工的办公之处有某种隔离设施，相信是比较受欢迎的设计。至于一定层次的主管，通常也希望拥有独立的办公室。

办公屏风的应用和设计使得办公环境不再像以往那样呆板，而是可以充满变化。一方面，人们可以在屏风上布置适合自己公司文化的图案、布景等，从而可以在一个大的组织中保持自己的相对独特性。另一方面，环境也可以随着工作的需求而变化，当季节、项目团队、产品或客户等发生变化时，人们完全可以使用新的屏风以营造新的环境。因此，办公屏风是现代办公室环境营造的主要方法，要对其作充分研究，并能够灵活运用。

10.3.4 办公家具的种类及设计要求

10.3.4.1 坐具类办公家具

1. 办公用椅

办公用椅是办公室中必不可少的家具之一。根据工作性质，有工作人员用椅、打字员用椅、秘书椅及会议椅等。它们的设计要依据人体工程学原则，既要有利于工作人员的身体健康，又要达到提高工作效率的目的（见图 10-36）。根据中华人民共和国国家标准 GB/T14774—1993《工作座椅一般人类工效学要求》，工作座椅的结构型式应尽可能与坐姿工作的各种操作活动要求相适应，应能使操作者在工作过程中保持身体的舒适、稳定，并能进行准确的控制和操作。工作座椅的座高和腰靠高必须是可调节的。座高调节范围在 360 ~ 480mm 之间，调节方式可以是无级的或间隔 20mm 为一档的有级调节。

2. 会客或休息家具

会客或休息家具主要包括沙发、椅、茶几、茶水柜等（见图 10-37）。沙发、茶几、扶手椅等的设计要求与民用家具基本相同。由于办公空间环境相对比较严肃，因此在办公环境使用的沙发、茶几、扶手椅不宜设计得太花俏，从造型和色彩上要进行控制，以适应办公空间环境的总体要求。由于会客或休息用坐具的实际使用者不可能像在家里那样随意，因此，

a）　　b）

图 10-36　办公椅

这些家具的某些功能尺寸可以适当减小。

a）　　b）

图 10-37　办公沙发与茶水柜

10.3.4.2　台架类办公家具

1. 机台类

机台类家具主要用于安装计算机、打印机、传真机、复印机等办公设备的台架、搁板和台座。这类家具要求造型简洁、结构合理、尺度适合，并能承受一定的负荷。如计算机桌，就要设计与计算机相适应的功能构件，如能抽动的键盘搁板，放打印机的台面或搁板，放主机和显示器的面板。机台类家具可以单体形式独立存在，也可结合在系统中使用，打印桌、计算机桌等家具的高度一般比办公桌的高度要低，通常为 660 ~ 680mm，平面尺寸大小视设备规格而定（见图 10-38）。

2. 写字台

写字台主要有大班台、中班台、职员台等，其规格多种多样，要求线条明快流畅、色调

a）

b）

图 10-38　计算机桌

素雅（见图 10-39）。办公桌按使用要求可分为单体式、曲尺式和组合式。传统的办公桌多为单体式。办公桌的主台面高度一般在 700 ~ 760mm 的范围内，高级办公桌（大班台）一般尺度稍大（高度不变）。曲尺式办公桌一般是在主办公桌边加上一个矮柜或台面，呈 L 形，这种样式可以多放置、储存一些文件，加快工作速度。这在现代办公家具中应用很多。有一些大班台，还可以用这种形式设一个小酒柜。许多企业中，经理办公室的办公桌面的形状不

a）

b）

c）

图 10-39　写字台

是矩形而是圆形，这样可以利用它召开小型座谈会，或与来访者、雇员平等交谈，不仅增加了办公桌的功能，还有利于与他人的交流。圆形办公桌直径一般最小为1220mm，一般是1220～1520mm。

由于在现代办公设备种类繁多，在这种办公环境中，各种办公设备的电源、网络、电话等线路繁多，不仅易造成各种危险，也极大地影响办公环境的整洁，因此，设计中要考虑铺设暗藏电线的管道，供连接各种电器设备之用。

3. 会议桌

会议桌有单件面板式、组合式之分。一般小型会议和谈判用桌（容纳人数少）采用前者，大型会议用桌用后者，其宽度、长度尺寸视使用人数而定。长度按每人办公区810～910mm计算。会议桌造型要简洁，台面边部一般较厚，以便与大尺度台面相均衡，台面下可设一层搁板，以便放置随身携带的小件物品。组合会议桌可以由单件桌拼组而成，也可以将中间的台面与两桌面对接而成（见图10-40）。

a)

b)

c)

图10-40　会议桌

4. 接待台

接待台是办公环境常用的家具之一，它的主要功能除了普通文员的案头工作外，还担负客户接待指引、电话总机及转接、外部文件接收、甚至复印、传真等工作。接待台往往是一个办公环境和外界交流的开始，也比较能代表该办公环境的文化特点（见图 10-41）。

a）

b）

图 10-41　接待台

5. 文件柜

文件柜主要指用于储存或陈放文件的柜架、抽屉柜类（见图 10-42），这类家具的内部净尺寸要参照文件、文件夹的尺寸来设计分隔。高文件柜搁板的最高位置，对于男性来说不超过 1830mm，女性不超过 1750mm。文件柜的尺寸一般为：宽度 900 ~ 1050mm，级差 50mm；深度 400 ~ 450mm，级差 10mm；高度 1800mm。

a）

b）

图 10-42　文件柜

6. 屏风

屏风指主要用于隔断和围合空间的低矮型隔板。它是小空间开放式布局的办公室中重要的家具配件，大多数屏风由轻质材料制成，框架可用铝合金、塑料、复塑钢板以及木材加工，屏面可用布料、贴面板、钢板、钢网、玻璃等嵌装。

本章小结

本章主要概述家具在家装和公共空间室内设计所起到的作用，运用人体工程学原理、色彩学原理、造型学原理，掌握家具设计内涵，在室内装修中最大程度地优化家具功能，在满足家具使用基本功能的同时，上升为精神上的视觉享受盛宴。

思考题与习题

1. 简述客厅系列、卧室系列设计。
2. 简述儿童房家具设计。
3. 简述酒店客房家具设计。
4. 简述办公室家具设计。

参考文献

[1] 中国家具协会. 中国家具行业“十一五”发展规划 [EB/OL]. http://www.cnfa.com.cn/ce/about/2007/94/2IBBG.html.

[2] 彭亮，胡景初. 家具设计与工艺 [M]. 北京：高等教育出版社，2003.

[3] 胡景初，戴向东. 家具设计概论 [M]. 北京：中国林业出版社，1999.

[4] 何镇强，张石红. 中外历代家具风格 [M]. 郑州：河南科技出版社，2003.

[5] 向仕龙，张秋梅，张求慧. 室内装饰材料 [M]. 北京：中国林业出版社，2003.

[6] 王双科，邓背阶. 家具涂料与涂饰工艺 [M]. 北京：中国林业出版社，2005.

[7] 张福昌. 室内家具设计 [M]. 北京：中国轻工业出版社，2001.

[8] 李凤菘. 家具设计 [M]. 北京：中国建筑工业出版社，1999.

[9] 刘俊，唐琼，周飞. 家具设计表现技法 [M]. 合肥：合肥工业大学出版社，2006.

[10] 姚震宇，赵纯，承凯. 家具设计 [M]. 重庆：重庆大学出版社，2003.

[11] 吴林春. 家具与陈设 [M]. 北京：中国建筑工业出版社，2000.

[12] 周雅南. 家具制图 [M]. 北京：中国轻工业出版社，2004.

[13] 中华人民共和国国家质量监督检验检疫总局，中国国家标准化管理委员会. GB/T 5296.6—2004 消费品使用说明　第6部分：家具 [S]. 北京：中国标准出版社，2004.

[14] 国家轻工业局行业管理司质量标准处. 中国轻工业标准汇编家具卷 [S]. 2版. 北京：中国标准出版社. 2002.

[15] 唐开军. 家具设计技术 [M]. 武汉：湖北科学技术出版社，2000.

[16] 邓背阶，陶涛，孙德彬. 家具设计与开发 [M]. 北京：化学工业出版社，2006.

[17] 庄荣，吴叶红. 家具与陈设 [M]. 北京：中国建筑工业出版社，2004.

[18] 来增祥，陆震纬. 室内设计原理 [M]. 北京：中国建筑工业出版社，1996.

[19] 张绮曼，郑曙阳. 室内设计资料集 [M]. 北京：中国建筑工业出版社，1998.

教材使用调查问卷

尊敬的教师：

您好！欢迎您使用机械工业出版社出版的"高职高专土建类专业规划教材"，为了进一步提高我社教材的出版质量，更好地为我国教育发展服务，欢迎您对我社的教材多提宝贵的意见和建议。敬请您留下您的联系方式，我们将向您提供周到的服务，向您赠阅我们最新出版的教学用书、电子教案及相关图书资料。

本调查问卷复印有效，请您通过以下方式返回：

邮寄：北京市西城区百万庄大街22号机械工业出版社建筑分社（100037）
张荣荣　　（收）

传真：010-68994437（张荣荣收）　　E-mail：r. r. 00@163. com

一、基本信息

姓名：________职称：______________职务：________________

所在单位：____

任教课程：____

邮编：________地址：______________________________

电话：________电子邮件：__________________________

二、关于教材

1. 贵校开设土建类哪些专业？

□建筑工程技术　□建筑装饰工程技术　□工程监理　□工程造价

□房地产经营与估价　□物业管理　□市政工程　□园林景观

2. 您使用的教学手段：　□传统板书　□多媒体教学　□网络教学

3. 您认为还应开发哪些教材或教辅用书？______________________

4. 您是否愿意参与教材编写？希望参与哪些教材的编写？

课程名称：____

形式：　□纸质教材　□实训教材（习题集）　□多媒体课件

5. 您选用教材比较看重以下哪些内容？

□作者背景　□教材内容及形式　□有案例教学　□配有多媒体课件

□其他____

三、您对本书的意见和建议（欢迎您指出本书的疏误之处）______________

____

____

四、您对我们的其他意见和建议______________________

____

请与我们联系：

100037　北京百万庄大街22号

机械工业出版社·建筑分社　张荣荣　收

Tel：010-88379777（O），6899 4437（Fax）

E-mail：r. r. 00@163. com

http：//www. cmpedu. com（机械工业出版社·教材服务网）

http：//www. cmpbook. com（机械工业出版社·门户网）

http：//www. golden-book. com（中国科技金书网·机械工业出版社旗下网站）